华北水利水电大学高层次人才科研启动项目（编号：40522）资助
国家科技支撑计划子课题（编号：2015BAD24B02-03）资助
国家重点研发计划子课题（编号：2016YFC0400103-4）资助

U0318187

新时期水利工程 与生态环境保护研究

◎张亮 著

中国水利水电出版社
www.waterpub.com.cn
·北京·

内 容 提 要

本书重点围绕新时期水利工程的生态环境影响及调控措施，系统介绍了新时期水利工程的基本建设及其发展特性，揭示了生态环境对工程运行导致的水环境要素变化的适应性机制。全书共七章，分别从水利工程的生态功能，水利工程生态环境效应、对水文环境的影响与保护、工程中的水环境与水生态等方面探讨研究水利工程与其相应的生态环境的可持续发展道路，为我国生态水利学研究提供较有价值的参考资料。

本书可供从事水资源、水利工程、生态、环保等专业的工程技术人员参考使用。

图书在版编目（CIP）数据

新时期水利工程与生态环境保护研究／张亮著. --
北京：中国水利水电出版社，2018.12 （2024.1重印）
ISBN 978-7-5170-7154-9

Ⅰ．①新… Ⅱ．①张… Ⅲ．①水利工程—关系—生态
环境保护—研究 Ⅳ．①X321

中国版本图书馆 CIP 数据核字（2018）第 262425 号

责任编辑：陈 洁　　封面设计：王 伟

书　　　名	新时期水利工程与生态环境保护研究 XINSHIQI SHUILI GONGCHENG YU SHENGTAI HUANJING BAOHU YANJIU	
作　　　者	张亮　著	
出版发行	中国水利水电出版社	
	（北京市海淀区玉渊潭南路 1 号 D 座 100038）	
	网址：www. waterpub. com. cn	
	E-mail：mchannel@263. net （万水）	
	sales@ waterpub. com. cn	
	电话：（010）68367658（营销中心）、82562819（万水）	
经　　　售	全国各地新华书店和相关出版物销售网点	
排　　　版	北京万水电子信息有限公司	
印　　　刷	三河市元兴印务有限公司	
规　　　格	170mm×240mm　16 开本　14.25 印张　203 千字	
版　　　次	2019 年 1 月第 1 版　2024 年 1 月第 2 次印刷	
印　　　数	0001-3000 册	
定　　　价	62.00 元	

前　言

环境水利工程技术有助于改善水生态环境,克服水利工程自身给水生态环境带来的不利影响,促进水利工程生态环境功能的开发和利用。因此,在未来水利工程建设中,生态环境水利工程技术将发挥极其重要的作用。本书重点围绕新时期水利工程的生态环境影响及调控措施,系统介绍新时期水利工程的基本建设及其发展特性,揭示生态环境对工程运行导致的水环境要素变化的适应性机制。

本书以"新时期水利工程与生态环境保护研究"为选题,从不同的方面和角度,从古至今,从国内到国外,对新时期水利工程与生态环境保护研究进行全面系统的阐述。全书共七章,其中第一章介绍了水利工程建设与发展的概况;第二章和第三章从整体上对新时期水利工程的生态功能和生态环境效应进行了探讨;第四章和第五章从新时期水利工程的水环境影响与保护和水利工程中的水环境与水生态角度进行了仔细的剖析和解读;第六章则对新时期水利工程的生态环境影响与保护措施研究进行了深层次的诠释,第七章对新时期水利工程的管理进行研究。

本书的撰写涵盖了几方面特色:一是整体性,笔者全面地对新时期水利工程与生态环境保护研究进行探讨和解读,从多个方面和角度结合实际状况做出相关阐述;二是科学性,书中引入了大量的水利工程研究理论和科学研究成果,引用了多个学者的著名论述和研究;三是趣味性,笔者对书中的理论和专业内容都不同程度地通过鲜活的事例进行了补充说明,便于学习者更好地理解和阅读。

本书在写作过程中,参考和借鉴了国内外学者的相关理论和研究,在此深表谢意。由于时间紧迫,书中不足之处在所难免,恳请各位读者和同仁提出宝贵意见,以便进一步修正提高。

作　者

2018 年 9 月

目　录

第一章 水利工程建设与发展概论

第一节 我国水资源及其特点

一、水资源

(一) 水资源含义

水是生命的源泉，是人类赖以生存和发展的最基本的物质。水是不可或缺、不可替代的自然资源。

广义的水资源，是指自然界所有的以气态、固态和液态等各种形式存在的天然水。天然水体包括海洋、河流、湖泊、沼泽、土壤水、地下水，以及冰川水、大气水等，其总储量达 13.86 亿 km^3。其中海洋水约占 97.47%，而这部分高含盐量的咸水，目前直接用于工农业生产的微乎其微；陆地淡水存储量约为 0.35 亿 km^3，而能直接利用的淡水只有 0.1065 亿 km^3，这部分水资源常称为狭义的水资源。

通常将当前可供利用或可能被利用，且有一定数量和可用质量，并在某一地区能够长期满足某种用途的并可循环再生的水称为水资源。

水资源是实现社会与经济可持续发展的重要物质基础。随着科学技术的进步和社会的发展，可利用的水资源范围将逐步扩大，水资源的数量也可能会逐渐增加。但是，其数量还是很有限的。同时，伴随人口增长和人类生活水平的提高，随着工农业生产的发展，对水资源的需求会越来越多，再加上水质污染和不合理开发利用，使水资源日渐贫乏，水资源紧缺现象也会愈加突出。

（二）水资源的特性

水资源的基本特点表现为：一是水资源本身的水文和气象本质，既有一定的因果性、周期性，又带有一定的随机性；二是水资源本身的二重性，既能给人类带来灾难，又可为人类所利用。具体特点如下。

1. 循环性

水资源与其他固体资源的本质区别在于其具有的流动性，它是在循环中形成的一种动态资源。水资源在开采利用以后，能够得到大气降水的补给，处在不断地开采、补给和消耗、恢复的循环之中。如果合理利用，可以不断地供给人类利用和满足生态平衡的需要。

2. 有限性

在一定时间、空间范围内，大气降水对水资源的补给量是有限的，这就决定了区域水资源的有限性。从水量动态平衡的观点来看，某一期间的水量消耗量应接近于该期间的水量补给量，否则将破坏水平衡，引起一系列不良的环境问题。由此可见，水循环过程是无限的，水资源量是有限的，并非取之不尽、用之不竭。

3. 分布的不均匀性

在地球表面，受经度、纬度、气候、地表高程等因素的影响，降水在空间分布上极为不均，如热带雨林和干旱沙漠、赤道两侧与南北两极、海洋和内地差距很大。在年内和年际之间，水资源分布也存在很大差异，如冬季和夏季，降雨量变化较大。另外，往往丰水年形成洪水泛滥而枯水年干旱成灾。

水资源空间变化的不均匀性，表现为水资源地区分布的不均匀性。如我国水资源总的来说，东南多，西北少；沿海多，内陆少；山区多，平原少。这是由于水资源的主要补给源——大气降水和雪融水的地带性而引起的。

4. 水的利、害双重性

自古以来，水用于灌溉、航运、动力、发电等，为人类造福，为生活、生产做出了很大贡献。但是，暴雨及洪水也可能冲毁农田、淹没家园、夺人生命。如果对水的利用、管理不当，还会造成土地的盐碱化、污染水体、破坏自然生态环境等，也会给人类造成灾难。

5. 利用的多样性

人类对水资源的需求是多种多样的。有的是消耗性的需水，如灌溉、工农业及生活供水等；有的是重复地利用水体而本身不消耗水量，如发电、航运、水景区旅游等。由此可见，人类利用水资源既有同一性，也有多样性。同时，也给我们人类综合利用水资源提供了更广阔的空间。

6. 不可替代性

水是一切生命的源泉。例如，成人体内含水量占体重的66%，哺乳动物含水量为60%～68%，植物含水量为75%～90%。由此可见，水资源在维持人类生存和生态环境方面的作用是任何其他资源所不能替代的。

二、我国的水资源

（一）我国水资源量

我国地域辽阔，河流、湖泊众多，水资源总量丰富。我国有河流4.2万条，河流总长度达 $40 \times 10^4 km$ 以上，其中流域面积在 $1000km$ 以上的河流有1600多条。长江是中国第一大河，全长 $6380km$。我国湖泊总面积 $71787km^2$，天然湖面面积在 $100km$ 以上的有130多个，全国湖泊储水总量7088亿 m^3，其中淡水储量2260亿 m^3。

我国多年平均年降水总量约61889亿 m^3，多年平均年河川径流总量约27115亿 m^3，地下水资源量约8288亿 m^3，两者的重复计算水量为7279亿 m^3，扣除重复水量后得到水资源总量约为28124亿 m^3，居世界第六位。

由于受降水的地域分布和地形地貌、水文地质条件等因素的影响，全国水资源分布极为不均，北方五片流域（东北诸河、海滦河流域、淮河与山东半岛、黄河流域、内陆诸河）多年平均年水资源量为5358亿m^3，占全国水资源总量的19%，南方四片流域（长江流域、华南诸河、东南诸河、西南诸河）多年平均年水资源量为22766亿m^3，占全国水资源总量的81%。

（二）我国水资源特点

1. 水资源相对缺乏

虽然我国水资源总量较丰富，但我国人口占世界总人口的22%，人均水资源占有量仅为2185m^3（2004年《中国水资源公报》），约为世界人均水资源占有量的1/3，居世界第121位，属于严重的贫水国家。我国的耕地面积为9600万hm^2，平均每公顷土地占有的水资源量为28300m^3，约为世界平均水平的80%。

2. 水资源空间分布不均

从空间分布上，我国幅员辽阔，南北气候差异很大，东南沿海地区雨水充沛，水资源丰富；而华北、西北地区干旱少雨，水资源严重缺乏。在时间分布上，降水多集中在汛期的几个月，汛期降雨量占全年的70%~80%，往往是汛期抗洪、非汛期抗旱。同时，年际变化很大，丰水年洪水泛滥，而枯水年则干旱成灾。

3. 水资源分布与耕地人口的布局严重失调

长江以南地区水资源总量占全国的82%，人口占全国的54%，人均水量为4170m^3，是全国平均值的1.9倍；亩均水资源量为4134m^3，是全国平均值的2.3倍；而淮河以北地区人口占全国的43.2%，水资源总量占全国的14.4%，人均水量仅为全国平均值的1/3，亩均水资源量为全国平均值的1/4。这种水土资源与人口分布的不合理，加剧了水资源短缺和更进一步恶化了水环境。特别是西北、华北的广大地区，已出现严重的水危机。

4. 水质污染和水土流失严重

水污染在全国各地普遍发生，特别是淮河、海河流域，水污染尤为严重，使原本紧缺的水资源雪上加霜一度曾导致沿岸部分城镇饮水困难，影响了社会的和谐及稳定。长江、黄河、珠江、松花江等流域，河流水质污染状况没有得到改善。由于西北地区水土流失严重，地面植被覆盖率低，风沙较大，使黄河成为世界上罕见的多泥沙河流，年含沙量和年输沙量均为世界第一位。每年大量泥沙淤积，使河床抬高影响泄洪，严重时则会造成洪水泛滥。因此，必须加强对黄河及相关流域的水土保持，退耕还草、植树造林，减少水土流失，确保河道安全行洪。

第二节　国外水利建设发展简介

一、第二次世界大战前的水利工程建设

对于咸海流域来说，河川径流是最重要的水资源之一，要完整和合理地利用河川径流就要进行水利工程建设。因此，从古代起中亚人就学会了开挖渠道来引水灌溉农作物。许多现在仍在运行的渠道（如达尔格姆、纳尔帕伊、沙赫鲁德等）是在1000多年以前建成的。那时灌溉农田主要是在河流下游的阶地和河滩上开垦出来的，因此取水比较容易。土地耕种具有原始性质，许多渠道常常是独立平行的，从河流中单独取水，具有很长的直接输水段和密密麻麻的弯曲沟渠网，从而导致在所有灌溉网环节上损失了大量的水。在取水枢纽上没有工程建筑物决定了渠道运行的洪水性质，因此有不合理的大量取水和弃水。灌溉常常是漫灌，没有排水网，这就导致土壤盐碱化和沼泽化。一旦土壤盐碱化严重，导致农作物歉收或绝收时，古人就抛弃了这些土地转而开垦新的土地。这就是所谓的土地熟荒轮作制。

农户的熟荒轮作制决定了大量的非生产用水的蒸发损失，河流上没有取水建筑物使得配水非常困难。

水利建设的水平、速度和次序是由国家基础工业的发展水平和速度决定的。随着国家动力装备、挖土机械和建筑材料等工业水平的提高，一些比较复杂的问题得到了解决。在首批五年计划的年代，各地实现了老灌溉系统的恢复和改造：渠道的闸化、排水的合并、灌区内荒弃土地的开垦，跨农庄的和农庄内的灌溉和排水网的重建。在一些河流（泽拉夫尚河、奇尔奇克河和卡拉达里亚河）上建设的首批水利枢纽，改善了配水情况。

在第二次世界大战以前（1938—1939），开始了根本性地改造费尔干纳河谷和恰吉尔的水利工程：南费尔干纳、北费尔干纳和大费尔干纳渠道的扩建和改造，在奇尔奇克和阿汉加兰河谷开挖了北渠道和塔什干渠道，从而大大地扩大了灌溉土地的范围并提高了用水保证率。在泽拉夫尚河流域，1940年卡塔库尔干水库投入运行。伟大的卫国战争终止了灌溉工程的迅猛发展，大量的水利建筑工程被迫停工。战争年代只进行了农庄内的渠道网改造和维修工程。

二、第二次世界大战后的水利工程建设

第二次世界大战后，水利工程建设的速度开始加快，在锡尔河流域，法尔哈德和克孜勒奥尔达水利枢纽和卡桑赛水库投入运行，在泽拉夫尚河上建成一系列水利枢纽。同时继续进行灌溉系统的重建工程、提高土地利用系数和径流调节工作。在费尔干纳河谷进行大量的把灌溉系统连成统一的水利系统的工作。这样，可以调配水资源，使得在某些水源缺水期间仍能保证用水。

在20世纪50年代的末期和60年代初，在中亚的各河流流域开展了大规模的水利建设。阿姆河流域建成了一系列新的灌溉系统。1956年，锡尔河上的凯拉库姆水库和阿姆河流域的卡拉库姆运河一期工程投入运行。

在 20 世纪 60 年代初，在饥饿草原和谢拉巴德草原和布哈拉绿洲的生荒地上开展了水利建设，在卡什卡达里亚河流域的（奇姆库尔干水库）、苏尔汉河上的（乌奇克孜勒和南苏尔汉水库）以及泽拉夫尚河上的（库尤马扎尔水库）水利工程都是这个时期建成的。

在 20 世纪 60 年代和 70 年代，在中费尔干纳、锡尔河中下游、瓦赫什和卡菲尔尼甘以及苏尔汉河谷，在卡拉库姆、卡尔希和阿姆布哈尔运河区继续开垦生荒地。同时，各地都在进行大型灌溉工程建设，旨在降低渠道的渗流损失，改善取、配水条件。

为了提高灌溉水源的灌溉能力，在这些年还建成一些大型水库：奇尔奇克河上的恰尔瓦克，卡拉达里亚河上的安集延，纳伦河上的托克托古尔，锡尔河上的恰尔达拉，在阿姆河流域的努列克水库和秋雅穆云水库相继投入运行，在泽拉夫尚河和卡什卡达里亚河流域的图达库尔斯克和塔利马尔詹水库开始拦蓄阿姆河的水。

在阿姆河流域，当努列克、罗贡和秋雅穆云水库蓄水到设计水位时，其总库容为 307 亿 m³，也即占该流域水资源总量的 38.7%。但是，因罗贡水库尚在施工，还没达到满蓄水条件，阿姆河的调节功能还比较弱。阿姆河流域除了上述三大水库之外，还有一些不太大的水库——卡拉库姆运河上的哈乌兹汗、阿什哈巴德和科佩特山水库，它们的总有效库容 10.9 亿 m³，苏尔汉河上的南苏尔汉水库（6.1 亿 m³）和乌奇克孜勒水库（0.8 亿 m³）都是拦蓄阿姆河的水。

在泽拉夫尚河流域，现有水库总有效库容为 10.6 亿 m³，占其水资源的 20.6%。图达库尔斯克和绍尔库尔水库的有效库容在达到设计高程时为 15 亿 m³，卡什卡达里亚河流域的水库有效库容为 8.32 亿 m³，占奇拉克奇坝址以上地表径流的 76%。塔利马尔詹水库的设计有效库容为 14 亿 m³。

在实施提高中亚各河流域土地用水保证率的措施的同时，还进行大量的土壤改良工程。早在 20 世纪 30 年代末和 40 年代初，就在奇尔奇克河的左岸阶地和费尔干纳河谷建设大型集排水渠。在 20 世纪 40

年代中期和 50 年代初，费尔干纳河谷的大型集排水渠——索希斯发林和北巴格达工程修到了锡尔河。在 20 世纪 50 年代，开始了中费尔干纳的土壤改良工程，在达利韦尔津和饥饿草原开展了大规模的土壤改良工程。20 世纪 80 年代，在锡尔河流域进行改造老的和建设新的排水管网的系统工程。

干线集水渠网的回归水或者排到河槽和渠道，或者排到阿尔纳赛内流洼地。只是在锡尔河下游没有发达的集排水渠网。在阿姆河流域也进行了集排水渠网的建设工程，在该河流域的上游干线集排水渠网将水排放到河网里。土库曼沿岸地区的回归水一部分沿左岸集水渠排放到阿姆河河槽。

20 世纪 40 年代开始改善阿姆河下游土地的土壤状况。首先将集排水集中在灌溉渠外围的不大的低洼地。由于这些洼地蓄满了水，在 50 年代中期建成达利亚雷克排水渠道，在 20 世纪 60 年代初又建成澳泽尔渠道。下游地区排水渠网的建设继续进行，现在，回归水或者排放到阿姆河河槽和渠道，或者排放到萨雷卡梅什洼地和其他小低地或咸海。

在泽拉夫尚河流域，20 世纪 30 年代开始有计划地建设集水渠网，40—50 年代实现了建设新的和改造老的渠网。但是只是在撒马尔罕州集排水排放到河槽和渠道，而在布哈拉州排放到当地的小低地。

20 世纪 60 年代开始建设大型干线排水网，且大部分是在 70 年代初就完工了。现在，布哈拉和卡拉库尔绿洲的回归水集中到灌溉排水湖——卡拉吉尔、帕尔桑库尔和阿亚卡吉特姆湖。集排水从帕尔桑库尔湖沿着布哈拉主干渠排放到阿姆河河槽。

在卡什卡达里亚河流域的上、中游部分，大面积灌溉土地的排水是用天然水沟，在这个地区新开垦的土地上形成人工排水网，把水排入卡什卡达里亚河和南卡尔希总排水渠。在卡什卡达里亚河下游（齐姆库尔干水库以下），良好的土壤改良状态是用较低的土地利用系数达到的。所以"干"排水和集排水排入当地洼地起到很大的作用。

从 20 世纪 70 年代中期开始，来自灌溉土地的回归水排向新灌区的干线排水渠，并沿着南卡尔希总渠排到苏尔丹达格湖。1983 年，由于该湖灌满了水，建成了向阿姆河排水的泄水道。1991 年，苏联解体以后，中亚各国的水利工程建设受到一定的影响，一些大型新建工程（如罗贡水利枢纽）停建或缓建，一些需要改造或扩建的项目也被迫延期，从而造成用水的浪费和不合理。直到进入 21 世纪，随着中亚各国经济的复苏，以罗贡坝为代表的一些水利枢纽开始恢复建设，以卡尔希运河为代表的渠道输水工程开始改造。可以预料，咸海流域一轮新的水利工程建设的高潮就要到来。在迎接水利建设新高潮的时刻，让我们再次回顾和归纳过去已有的工程，以便从成功中积累经验和在失败中汲取教训。

第三节　我国水利工程建设概况

为防止洪水泛滥成灾，扩大灌溉面积，充分利用水能发电等，需采取各种工程措施对河流的天然径流进行控制和调节，合理使用和调配水资源。这些措施中，需修建一些工程结构物，这些工程统称水利工程。为达到除水害、兴水利的目的，相关部门从事的事业统称为水利事业。

水利事业的首要任务是：

（1）消除水、旱灾害，防止大江大河的洪水泛滥成灾，保障广大人民群众的生命财产安全。

（2）利用河水发展灌溉，增加粮食产量，减少旱涝灾害对粮食安全的影响。

（3）利用水力发电、城镇供水、交通航运、旅游、生态恢复和环境保护等。

一、防洪治河

洪水泛滥可使农业大量减产，工业、交通、电力等正常生产遭到破坏。严重时，则会造成农业绝收、工业停产、人员伤亡等。如 1931 年武汉地区特大洪水，武汉关水位达 28.28m，造成武汉、南京至上海各城市悉数被淹达百日之久，5000 万亩农田绝收，受灾 2855 万人，死亡 4.5 万人，损失惨重。在水利上，常采取相应的措施控制和减少洪水灾害，一般主要采取以下几种工程措施及非工程措施。

（一）工程措施

1. 拦蓄洪水控制泄量

利用水库、湖泊的巨大库容，蓄积和滞留大量洪水；削减下泄洪峰流量，从而减轻和消除下游河道可能发生的洪水灾害。如 1998 年特大洪水，武汉关水位达到 29.43m，是历史第二高水位。由于上游的隔河岩、葛洲坝等水库的拦洪、错峰作用，缓解了洪水对荆江河段及下游的压力，减小了洪水灾害的损失。

在利用水库来蓄洪水的同时，还应充分利用天然湖泊的空间，囤积、蓄滞洪水，降低洪水位。当前，由于长江等流域的天然湖泊的面积减少，使湖泊蓄滞洪水的能力降低。1998 年大洪水后，对湖面日益减少的洞庭湖、鄱阳湖等天然湖泊，提出退田还湖，这对提高湖泊滞洪功能和推行人水和谐相处的治水方略具有积极作用。

另外，拦蓄的洪水还可以用于枯水期的灌溉、发电等，提高水资源的综合利用效益。

2. 疏通河道，提高行洪能力

对一般的自然河道，由于冲淤变化，常常使其过水能力减小。因此，应经常对河道进行疏通清淤和清除障碍物，保持足够的断面，保证河道的设计过水能力。近年来，由于人为随意侵占河滩地，形成阻水障碍、壅高水位，威胁堤防安全甚至造成漫堤等洪水灾害。

（二）非工程措施

1. 蓄滞洪区分洪减流

利用有利地形，规划分洪（蓄滞洪）区；在江河大堤上设置分洪闸，当洪水超过河道行洪能力时，将一部分洪水引入蓄滞洪区，减小主河道的洪水压力，保障大堤不决口。通过全面规划，合理调度，总体上可以减小洪水灾害损失，可有效保障下游城镇及人民群众的生命、财产安全。

2. 加强水土保持，减小洪峰流量和泥沙淤积

地表草丛、树木可以有效拦蓄雨水，减缓坡面上的水流速度，减小洪水流量和延缓洪水形成历时。另外，良好的植被还能防止地表土壤的水土流失，有效减少水中泥沙含量。因此，水土保持对减小洪水灾害有明显效果。

3. 建立洪水预报、预警系统和洪水保险制度

根据河道的水文特性，建立一套自动化的洪水预测、预报信息系统。根据及时准确的降雨、径流量、水位、洪峰等信息的预报预警可快速采取相应的抗洪抢险措施，减小洪水灾害损失。

另外，我国应参照国外经验，利用现代保险机制，建立洪水保险制度，分散洪水灾害的风险和损失。

二、灌排工程

在我国的总用水量中约70%的是农业灌溉用水。农业现代化对农田水利提出了更艰巨的任务：一是通过修建水库、泵站、渠道等工程措施提高农业生产用水保障；二是利用各种节水灌溉方法，按作物的需求规律输送和分配水量，补充农田水分不足，改变土壤的养分、通气等状况，进一步提高粮食产量。

三、水力发电

水能资源是一种洁净能源，具有运行成本低、不消耗水量、环保

生态、可循环再生等特点，是其他能源无法比拟的。

水力发电在河流上修建大坝，拦蓄河道来水，抬高上游水位并形成水库，集中河段落差获得水头和流量。将具有一定水头差的水流引入发电站厂房中的水轮机，推动水轮机转动，水轮机带动同轴的发电机组发电。然后，通过输变电线路，将电能输送到电网的用户。

四、水土保持工程

随着人口的增加和人类活动的影响，地球表面的原始森林被大面积砍伐，天然植被遭到破坏，水分涵养条件差，降雨时雨水直接冲蚀地表土壤，造成地表土壤和水分流失。这种现象称为水土流失。水土流失可把地表的肥沃土壤冲走，使土地贫瘠，形成丘陵沟壑，减少产量乃至不能耕种。而雨水集中且很快流走，往往形成急骤的山洪，随山洪而下的泥沙则淤积河道和压占农田，还易形成泥石流等地质灾害。

为有效防止水土流失，则应植树种草、培育有效植被，退耕还林还草，合理利用坡地，并结合修建埝坝、蓄水池等工程措施，进行以水土保持为目的的综合治理。

六、水资源保护工程

（一）水污染的原因

水污染是指由于人类活动，排放污染物到河流、湖泊、海洋的水体中，使水体的有害物质超过了水体的自身净化能力，以致水体的性质或生物群落组成发生变化，降低了水体的使用价值和原有用途。

水污染的原因很复杂，污染物质较多，一般有耗氧有机物、难降解有机物、非植物性营养物、重金属、无机悬浮物、病原体、放射性物质、热污染等。污染的类型有点源污染和面源污染等。

（二）水污染的危害

水污染的危害严重并影响久远。轻者造成水质变坏，不能饮用或灌溉，水环境恶化，破坏自然生态景观；重者造成水生生物、水生植物灭绝，污染地下水，城镇居民饮水危险，而长期饮用污染水源，会造成人体伤害，染病致死甚至通过遗传殃及后代。

（三）水污染的防治

水污染的防治任务艰巨，第一是全社会动员，提高对水污染危害的认识，自觉抵制水污染的一切行为，全社会、全民、全方位控制水污染。第二是加强水资源的规划和水源地的保护，预防为主、防治结合。第三是做好废水的处理和应用，废水利用、变废为宝，花大力气采取切实可行的污水处理措施，真正做到达标排放，造福后代。

七、水生态及旅游

（一）水生态系统

水生态系统是天然生态系统的主要部分。维护正常的水生生态系统，可使水生生物系统、水质水量、周边环境良性循环。一旦水生态遭到破坏，其后果是非常严重的，其影响是久远的。水生态破坏后的主要现象为：水质变色变味，水生动物、水生植物灭绝；坑塘干涸、河流断流；水土流失，土地荒漠化；地下水位下降，沙尘暴增加等。

水利水电工程的建设，对自然生态具有一定的影响。建坝后河流的水文状态发生一定的改变，可能会造成河口泥沙淤积减少而加剧侵蚀，污染物滞留，改变水质。对库区，因水深增加、水面扩大、流速减小，产生淤积。水库蒸发量增加，对局部小气候有所调节。筑坝对洄游性鱼类影响较大，如长江中的中华鲟、胭脂鱼等。在工程建设中，应采取一些可能的工程措施（如鱼道、鱼闸等），尽量减小对生态环境的影响。

另外，水库移民问题也会对社会产生一定的影响，由于农民失去了土地，迁移到新的环境里，生活、生产方式发生变化，如解决不好，也会引起一系列社会问题。

（二）水与旅游

自古以来，水环境与旅游业一直有着密切的联系，从湖南的张家界、黄果树瀑布、桂林山水、长江三峡、黄河壶口瀑布、杭州西湖，到北京的颐和园以及哈尔滨的冰雪世界，无不因水而美丽纤秀，因水而名扬天下。清洁、幽静的水环境可造就秀丽的旅游景观，给人们带来美好的精神享受，水环境是一种不可多得的旅游、休闲资源。

水利工程建设，可造就一定的水环境，形成有山有水的美丽景色，形成新的旅游景点。如浙江省杭州市淳安县的千岛湖、北京的青龙峡等。但如处理不当，也会破坏当地的水环境，造成自然景观乃至旅游资源的恶化和破坏。

第四节　现代水利工程进展

一、我国水利工程建设成就

（一）中华人民共和国成立前水利工程建设

我国是世界上历史悠久的文明古国。我们勤劳智慧的祖先在水利工程建设方面的光辉成就，是全世界人民熟知和敬仰的。几千年来，我国人民在治理水患、开发和利用水资源方面进行了长期斗争，创造了极为丰富的经验和业绩。例如，从4000年前的大禹治水开始至今仍在使用的长达1800km的黄河大堤，就是我国历代劳动人民防治洪水的生动记录；公元前485年开始兴建，至1292年完成的纵贯祖国南北、全长1794km的京杭大运河，将海河、黄河、淮河、长江和钱塘江五大天然河流联系起来，是世界上最早、最长的大运河；公元前600年左右的芍坡大型蓄水灌溉工程；公元前390年建有12级低坝引水的引漳十二渠工程；公元前251年在四川灌县修建的世界闻名的都江堰分洪引水灌溉工程，一直是成都平原农业稳产高产的保障，至今运行良好。这些水利工程都堪称中华民族的骄傲。

但在中华人民共和国成立之前的近百年里，我国遭受帝国主义、封建主义和官僚资本主义的统治和压迫，社会生产力受到极大摧残。已有的一些水利设施，大多年久失修，甚至遭到破坏；有的地区水旱交替，灾患频繁，使广大劳动人民饱受旱涝之苦。以黄河为例，在公元前602年至1938年的2500多年内，共决口1590余次，其中大的改道26次；1938年黄河大堤被人为决口，直至1947年才堵上，淹没良田133.3万hm²，灾民达1250万人，有89万人死亡。

（二）中华人民共和国成立后水利工程建设

中华人民共和国成立以来，在中国共产党和人民政府的正确领导下，我国水利建设事业得到了快速发展。人们对水利在国民经济中的重要性的认识不断得到加强，从"水利是农业的命脉"到"水利是国民经济的基础产业"进一步发展到"水利是国民经济基础产业的首位"，水利事业的地位越来越高。

1. 河道治理

从20世纪50年代初开始，我国对淮河和黄河全流域进行规划和治理，修建了许多山区水库和洼地蓄水工程。1958年治理后的黄河，遇到与1933年造成大灾的同样洪水（22300m³/s），没有发生事故，经受住了考验；对淮河的规划和治理则改变了淮河"大雨大灾，小雨小灾，无雨旱灾"的悲惨景象。1963年开始治理海河，在海河中下游初步建立起防洪除涝系统，排水不畅的情况得到了改善。

2. 水库建设

经过50多年的建设，全国已建成水库8.6万多座，其中库容大于1亿m³的水库400多座，库容在1000万～1亿m³的中型水库2600多座，总库容达4500亿m³以上的水库数量为世界之首。这些水库在防

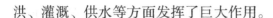

洪、灌溉、供水等方面发挥了巨大作用。

3. 水力发电的发展

水力发电也得到了迅猛发展，基本改变了我国的能源结构，节约了大量的煤、石油等不可再生的自然资源。机电排灌动力由 7.056 万 kw 发展到 5788.86 万 kw 以上。

4. 农田灌溉

全国农田灌溉面积由 2.4 万亩增加到 7 亿多亩，为农业稳产、高产做出了突出的贡献。

5. 河道通航

建成通航建筑物 800 多座，10 万 t 以上的港口 800 多处，提高了内河航道与渠化航道的通航质量，航运能力显著提高。

6. 调水工程

已完成了引滦入津、引黄济青、引碧入连等供水工程；正在建设中的南水北调工程是我国有史以来最大的引水工程，也是世界上最大的调水工程。南水北调工程分东线、中线和西线工程。

这些成就为我国经济建设和社会发展提供了必要的、也是重要的基础条件，对工农业生产的发展、交通运输条件的改善和人民生活水平的提高等方面起到巨大的促进作用。

（三）水利科学技术发展成就

随着水利工程建设的发展，中国的水利科学技术也迅速提高。流体力学、岩土力学、结构理论、工程材料、地基处理、施工技术以及计算机技术的发展，为水利工程的建设和发展创造了有利的条件。

以坝工建设为例，我国在 20 世纪 50 年代就依靠自己的力量，设计施工并建成坝高 105m、库容 220 亿 m³、装机容量 66 万 kw 的新安江水电站宽缝重力坝，同期还建成永定河官厅水库（黏土心墙坝）、安徽省佛子岭水库（混凝土支墩坝）、梅山水库（混凝土连拱坝）、广东流溪河水电站（混凝土拱坝）、四川狮子滩水电站（堆石坝）等多座各种类型的大坝，为我国大型水利工程建设开创了良好的开端。

20世纪60年代又以较优的工程质量和较快的施工速度建成装机116万kw、坝高147m的刘家峡水电站（重力坝），以及装机90万kw、坝高97m的丹江口水电站（宽缝重力坝）；另外，在高坝技术、抗震设计、解决高速水流问题等方面，也都取得了较大的进展。20世纪70年代在石灰岩岩溶地区建成坝高165m的乌江渡拱型重力坝，成功地进行了岩溶地区的地基处理；在深覆盖层地基上建成坝高101.8m的碧口心墙土石坝，混凝土防渗墙最大深度达65.4m，成功地解决了深层透水地基的防渗问题，为复杂地基的处理积累了宝贵的经验。

20世纪80年代在黄河上游建成坝高178m的龙羊峡重力拱坝，成功地解决了坝肩稳定、泄洪消能布置等一系列结构与水流问题；同期，还在长江干流上建成葛洲坝水利枢纽工程，总装机容量达271.5万kw，成功地解决了大江截流、大单宽流量泄水闸消能、防冲及大型船闸建设等一系列复杂的技术问题；还在福建坑口建成第一座坝高56.7m的碾压混凝土重力坝，在湖北西北口建成坝高95m的混凝土面板堆石坝，为这两种新坝型在我国的建设与发展开辟了新道路。

20世纪90年代，我国在四川又建成装机330万kw、坝高240m的二滩水电站（双曲拱坝）；在广西红水河建成坝高178m的天生桥一级水电站（混凝土面板堆石坝）；在四川建成坝高132m的宝珠寺碾压混凝土重力坝；坝高154m的黄河小浪底土石坝业已完工；举世瞩目的三峡水利枢纽于1994年12月14日正式开工，1997年实现大江截流，并于2003年首批机组发电，2009年全部竣工。三峡水利枢纽工程水电站总装机容量达1820万kw，单机容量75万kw；双线五级船闸，总水头113m，可通过万吨级船队；垂直升船机总重11800t，过船吨位3000t，均位居世界之首，这些成就标志着我国坝工技术包括勘测、设计、施工、科研等已跨入世界先进水平。即将开始建设的清江水布垭水电站、澜沧江小湾水电站大坝均在250～300m；跨世纪的南水北调工程，都是世界上少有的巨型工程。

二、现代水利工程发展问题及理念

（一）现代水利发展问题

现代水利工程建设主要表现在两个方面：①水利工程建设观念上的转变；②水利工程建设科学技术水平的提高。虽然经过几十年的努力，我们在水利水电工程建设方面取得了辉煌的成就，水利工程和水电设施在国民经济中发挥着巨大的作用。但是，从我国经济建设和可持续发展的目标来说，水利工程建设的差距还很大。

（1）我国大江大河的防洪问题还没有真正解决，堤坝和城市防洪标准还比较低，随着河流两岸经济建设的发展，一旦发生洪灾，造成的损失越来越大。据资料，1994 年因洪水造成的直接经济损失达 1700 亿元，1995 年损失达 1600 亿元，1996 年损失达 2200 亿元，1998 年损失达 2000 亿元。

（2）目前我国农业仍在很大程度上受制于自然地理和气候条件，抗御自然灾害能力很低，1997 年因大旱农业损失达 900 亿元。城市供水需求迅速增长，缺水问题日益严重，已经影响到人民生活，制约了工业生产发展。

（3）水污染问题日益严重，七大江河都不同程度地受到污染，使有限的水资源达不到生活和工农业用水的要求，水资源短缺问题更为加剧。

（4）水土流失严重，水生态失衡，使水资源难以对土壤、草原和森林资源起到保护作用，造成森林和草原退化、土壤沙化、植被破坏、水土流失、河道淤积、江河断流、湖泊萎缩、湿地干涸等一系列主要由水引起的生态蜕变。

（5）水资源利用率低下，我国丰富的水能资源已开发量占可开发量的比例还相当低，与世界发达国家相比差距很大，农业用水效率仅为 0.3～0.4，工业用水重复利用率仅为 0.3 左右，各行各业用水浪费现象相当严重。

（二）现代水利工程发展理念

解决以上问题是关系到整个国民经济可持续发展的系统工程，仅靠"头痛医头，脚疼医脚"局部的、单一的工程水利的建设思想是难以实现的，必须从宏观上、战略思想上实现工程水利向资源水利的转变。所谓资源水利就是从宏观上、战略思想上实现工程水利向资源水利的转变，是从水资源开发、利用、治理、配置、节约、保护六个方面系统分析综合考虑，实现水资源的可持续利用。正如前水利部汪恕诚部长在 1999 年中国水利学会第七次代表大会上提出的："由工程水利转向资源水利，是一个生产力发展的过程。当前生产力发展了，需要我们更宏观地看问题，需要我们在原有水利工作的基础上更进一步、更上一个台阶，做好水利工作。从另一个角度讲，由于科学技术的发展，现在已经具备这样做的条件。资源水利有两个意义：①实践意义，在实践中要把水利搞得更好，就要从水资源管理的角度来做好我们的工作；②理论意义，全世界都提出了可持续发展问题，水资源作为环境的重要组成，也一定要高举可持续发展的旗帜，通过资源水利的思路，实现水资源的可持续利用。"制定人水和谐的大水利战略，保护母亲河健康生命等新思想、新理念是现代水利的具体展现。

三、现代水利工程建设进展

随着生产的不断发展和人口的增长，水和电的需求量都在逐年增加，而科学技术和设计理论的提高，又为水利工程特别是大型水利水电工程建设提供了有利条件：从国内外水利事业的发展看，水利工程建设的各个方面通过深入研究都在不断提高，并取得可喜的研究成果，积累了宝贵的实践经验，主要表现在以下几个方面：

（一）新坝型、新材料研究不断取得可喜成果

将土石坝施工中的碾压技术应用于混凝土坝的碾压混凝土筑坝新技术，不仅成功地用于重力坝，而且已开始在拱坝上采用。随着大型碾压施工机械的出现，混凝土面板堆石坝已在许多国家广为采用。中国的天生桥面板堆石坝，最大坝高为178m；设计中的龙滩碾压混凝土重力坝，第一期工程最大坝高为192m，均居世界前列。超贫胶结材料坝试验研究在国内外已经展开，并开始建筑了一些试验坝，预计在中、低坝建设中有广阔的发展前景。

（二）高速水流问题的研究

随着对高速水流问题研究的不断深入，在体型设计、掺气减蚀等方面技术日益成熟。泄水建筑物的过流能力不断提高。国外采用的单宽流量已超过300m³/（s·m），如美国胡佛坝的泄洪洞为372m³/（s·m）、葡萄牙的卡斯特罗·让·博得拱坝坝面泄槽为364m³/（s·m）、伊朗的瑞萨·夏·卡比尔岸边溢洪道为355m³/（s·m）。中国乌江渡水电站溢洪道采用的单宽流量为201m³/（s·m），泄洪中孔为144m³/（s·m），而泄洪洞为240m³/（s·m）；从总泄量看，葛洲坝水利枢纽达110000m³/s，居全国首位；在拱坝中，以凤滩水电站的泄流量为最大，总泄量达32600m³/s，也是世界上拱坝泄量最大的工程。

（三）地基处理和加固技术的发展

地基处理和加固技术不断发展，使得处理效果更加可靠，造价进一步降低。如深覆盖层地基防渗处理，广泛采用混凝土防渗墙技术。加拿大马尼克三级坝的混凝土防渗墙，深达131m，是目前世界上最深的防渗墙。我国渔子溪、密云、碧口水库等工程采用的混凝土防渗墙，深度32~68.5m，防渗效果良好。此外，利用水泥或水泥黏土进行帷幕灌浆也是处理深厚覆盖层的一项有效措施，如法国的谢尔蓬松坝，

高 129m，帷幕深 110m，从蓄水后的观测资料看，阻水效果较好。20世纪 70 年代初出现的利用水气射流切割掺搅地层，同时将胶凝材料（如水泥浆）灌注到被掺搅的地层中去的高压喷射灌浆，也已成功地应用于地基防渗和加固处理，使工程造价显著降低。

（四）水利工程的水工结构、水力学等问题的解决

随着高速度、大容量计算机的出现和数值分析方法的不断发展，水工结构、水工水力学和水利施工中的许多复杂问题都可以通过电算得到解决。例如，结构抗震分析已从拟静力法分析进入到动力分析阶段，同时考虑结构与库水、结构与地基的动力相互作用；三维结构分析、渗流分析、温度应力分析、高边坡稳定分析、结构优化设计等已广泛应用于工程实践中。

（五）试验设备和现场量测设备的发展

由于大型试验设备和现场量测设备的发展，使得水工建筑物的模型试验和原型观测也得到相应的发展，并且与电算分析方法相结合，相互校核、相互验证，还可通过反演分析进行安全评价和安全预测。这些研究成果反馈到工程设计中，使得设计更加安全、可靠，也更加经济、合理。

第二章　新时期水利工程的生态功能

第一节　河流生态评估与修复

一、河流生态评估

河流生态评估主要对其生态功能进行评估。河流生态功能之间存在复杂的关系，内容繁杂，涉及多个学科，很难全面评价，一般从物理、化学和生物功能方面进行评价。根据《生态水利工程原理与技术》（董哲仁，孙东亚，等，中国水利水电出版社，2007），河流生态主要评估指标见表2-1~表2-3。

表2-1　物理功能

功能	内容	指标
地表水短期蓄存	洪水期和季节高水位期在河道和河岸短期蓄水，调节径流	存在漫滩、河岸湿地和洼地
地表水长期蓄存	为水生物提供栖息地。提供低流速、低氧环境。维持基流、季节径流和土壤含水量	在河道漫滩全年存在的地貌特征：湖泊、池塘、湿地和沼泽等
地表水与地下水之间的联系	丰水季节河水补给地下水，枯水季节地下水补给河水。进行化学物质、营养物质和水交换。维持栖息地的连通性	在漫滩下面存在无脊椎动物。强透水土体

续表

功能	内容	指标
地下水	地下河岸带廊道长期蓄存水。维持基流量、季节性径流和土壤含水量	土壤含水状况，水生植物
能量过程	河道消能：水力摩擦、输送泥沙、河岸侵蚀。栖息地多样性，增加水体含氧，产生热能	河道宽、深、坡降、糙率等特征的变化。侵蚀、淤积模式的变化。含沙量
维持泥沙过程	泥沙侵蚀、输移、淤积和固结以及悬沙分选和粗化等相关过程。栖息地创建、营养物质循环、水质控制	床沙特性、河滩淤积、河岸侵蚀、活动沙洲、先锋植物、河沙补给模式
河床演变	维持系统内适宜的能量水平、维持生态的多样性和演变交替	河流断面、坡降、平面形态的系统性改变；河床粗化或泥沙分选
提供栖息地和底质	河流（河岸和底质）特征的物理、水文和水力等方面的特征	深潭、浅滩、平面的形态、水深、流速、掩蔽物、底质和河滩地等的分布和组成
保持温度	为现存生物保持适宜的温度，提供适宜的小气候	岸边有植物群落。存在温度适应性差的生物。高溶解氧

表 2-2 化学功能

功能	内容	指标
保持水质、溶解氧，缓冲 pH 值，保持导电率，控制病原菌、病菌，除去或迁移污染物，调节金属元素循环	河流保持健康生物群落所必需的水质参数	水质指标
维持营养物质循环，主要是碳、氮、磷	维持正常的营养物质循环能力	主要营养物质参数指标

表 2-3　生物功能

功能	内容	指标
提供栖息地 一级：满足食物、空气、水和掩蔽物需要； 二级：满足繁衍需要； 三级：满足生长需要，包括安全、迁徙、越冬	河流满足水体和河岸带生物群落栖息地需求能力	栖息地的组成、结构、范围、可变性、多样性等。关键指示物种的存在与消失
生产有机碎屑，促进微生物、水生附着生物、无脊椎动物、脊椎动物和植被的生长	河流促进有机体生长的能力	指示物种的存在与丰度。碎屑的存在与丰度。碎屑的分解
保持演替过渡	河流提供动态变化的区域。有利于植被的演替，有益于遗传变异性和植物物种的多样性	动态蜿蜒带和边滩。存在多物种和龄级不同的植物。先锋物种的出现
保持营养复杂度	河流保持生产者与消费者之间最优平衡关系的能力	有机碎屑及其分解。无脊椎消费者的存在。水生附着生物在底质上的生长

二、河流生态修复

河流系统功能健康的恶化主要表现为水中的养分、水的化学性质、水文特性和河流生态系统动力学特性等的改变，以及对原水生生态系统和原物种造成的巨大压力。从 20 世纪 70 年代始，对河流生态系统进行综合修复成为一种先进的治河理念。生态修复旨在使受损生态系统的结构和功能恢复到受干扰前的自然状况。河流生态修复有多种方法，生态系统修复是使受损河流恢复其功能健康的根本途径。

（一）河流健康诊断

借鉴国外经验，结合我国国情，以"可持续利用的生态良好河流"作为对河流健康的定义。其概念包含双重含义：①要求人们对于河流的开发利用保持在一个合理的程度上，保障河流的可持续利用；

②要求人们保护和修复河流生态系统，保障其状况处于一种合适的健康水平上。它既强调保护和恢复河流生态系统的重要性，也承认了人类社会适度开发水资源的合理性；既划清了与主张恢复河流到原始自然状态、反对任何工程建设的绝对环保主义的界线，也扭转了"改造自然"、过度开发水资源的盲目行为，力图寻求开发与保护的共同准则。

"可持续利用的生态良好河流"作为管理工具，主要提供一种评估方法，既评估在自然力与人类活动双重作用下河流演进过程中河流健康状态的变化趋势，进而通过管理工作，促进河流生态系统向良性方向发展；又评估人类利用水资源的合理程度，使人类社会以自律的方式开发利用水资源。可持续利用的生态良好河流概念，把在自然系统中讨论保护和修复河流生态系统的理念进一步拓宽，把自然系统与社会系统有机地结合起来。不仅要使河流为人类造福，也要保护和修复河流生态系统；不仅要以河流的可持续利用支持社会经济可持续发展，也要保障河流生态系统的健康和可持续性。

（二）河流治理与修复阶段

对于受损的河流需要进行修复和改善，但是在通常的情况下需要恢复到最原始的状态，会有一定的困难，受损河流修复的目标是将河流的生态健康恢复到人们期望的理想状态，这样就是核心目标。河流的生态健康关乎社会和经济的可持续发展，是人们赖以生存的生态资源，同时河流修复也与人类的活动息息相关。人类与河流一直有着密切的关系，对于已经受损的河流可以分为原始阶段、工程控制阶段、治理阶段和自然生态自主恢复阶段，同时在不同的阶段对于河流的修复也有不同的处理方式和目标。

在原始自然阶段时候，人类的活动对于自然水系统的破坏较小，但是对于人类的发展和河流的生态系统的历史都可以提供资料轨迹，为之后的生态系统修复研究提供了珍贵的历史财富。在原始阶段，人类的活动还处于较为原始的阶段，对于河流的利用大部分为生活、日常以及泄洪等基本功能，因此河流系统的整体处于良好的状态，对于河流的恢复处于原始纯自然阶段。

随着人类活动的发展以及社会的进步，人们加深了对河流功能的认识，对于河流的开发利用由最开始的原始纯自然阶段逐渐向工程控制阶段发展，包括建设堤坝，利用河流进行泄洪；利用河流进行航运；利用水资料进行发电等。但是由于对河流功能的充分利用，也产生一定的负面影响，导致植被和植物的多样性被破坏，供水供电的需水量不足，以及生态平衡被受损等，河流系统的功能出现了受损情况。

人类活动对于水资源系统的过量开发利用会导致水质恶化，河流污染受损严重，使得河流的部分功能也受到了一定的损害，甚至危害到整个河流生态系统的平衡问题，导致河流系统走向不健康的状态。河流的健康问题关系到河流的生存问题，因此我们必须认识到水资源的重要性，进行河流污染治理是维护河流系统生态平衡的重要措施，在这个阶段，我们必须治理河流的生态系统，利用河流进行景观改造，提高它的娱乐功能，切实维护好河流的生态健康。

要想使河流得到有效的治理以及修复，首先就要明确人类和河流之间的关系处于什么阶段，然后创造适应的条件。就目标而言，生态修复远远高于污染治理。只有将河流的污染治理好之后，才有可能进一步地建造适合生物生存停留的环境，使原本生活于此的生物回迁，使其他适合生存在此地的生物也移居至此，增加系统内生物的多样性。世界上很多著名的河流修复都有具体的修复目标，比如，莱茵河——大马哈鱼的回归；泰晤士河——蝉鱼、大马哈鱼、鳗鱼等的回迁；德国境内的很多河流非常看重各种生物的回迁，他们把实现河流生态系统完整性作为修复的目标。这里的完整性就包括恢复河流的水循环、重新建立水体、鱼类和其他水底生物重回河流等。德国的伊萨尔河甚至以在河流中安全的洗浴和游泳作为生态修复的目标。在我国，这种修复目标只有极少数的地方可以实现。

（三）河流生态修复技术

河流生态修复的指导思想是：以可持续发展理念为指导，评估河流的生态状况，确定河流开发与保护的适宜程度，提出改善河流生态系统结构与功能的工程措施和管理对策，促进人与自然和谐相处。河流生态修复的原则是：①河流修复与社会经济协调发展原则；②社会经济效益与生态效益相统一原则；③流域尺度规划原则；④增强空间异质性的景观格局原则；⑤生态系统自设计、自我恢复原则；⑥提高水系连通性原则；⑦负反馈调节设计原则；⑧生态工程与资源环境管理相结合原则。河流生态修复的目标不可能"完全复原"到某种本来不清楚的原始状态，也不可能"创造"一个全新的生态系统，应该立足于我国江河现状，在充分发挥生态系统自我恢复功能的基础上，适度进行人工干预，保证河流生态系统状况有所改善，使之具有健康和可持续性。

我国现阶段河流修复中的首要任务是遏制流域内引起生态系统退化的污染，并在合理论证的基础上采取必要的修复措施。对于规划、评估、监测这些不同的任务，其工作对象的空间尺度可能是不同的。监测和评估工作可以在流域甚至是跨流域的尺度上进行。规划工作的尺度可以是流域或河流廊道。至于河流修复工程项目的实施，一般在关键的重点河段内进行。

我国河流生态修复工程的规划设计应在满足防洪等传统工程目标的前提下，使工程适应自然生态系统的要求。河流修复的规划和设计应采用系统方法，遵循自然规律，不仅能适应有固定边界条件的河流，也能适应可变边界条件的河流，而且要能保证在同一个工程目标下，不同工程技术人员能做出相似的设计方案，系统方法是一个多次反复的过程。河流生态修复工程的目标应是部分地恢复河流的自然地貌、水力和生态功能。

我国大多数河流都建有堤防工程，河流地貌不可避免地受到堤防工程的影响。既恢复自然环境功能但同时又能发挥防洪工程效益的角度出发，需要改进完善现有堤防的设计和建设方法，提出一些创新性的技术方法。

1. 洪水后退

洪水后退是把除原始河道之外的一切组织和杂物清理掉，使河道回到最原始的状态。河道形态设计的原则是：既不能造成泥沙的拥堵堆积，也不能让泥沙对河道产生过大的摩擦作用而损坏河道，最佳的状态就是水流泥沙经过之后，河道仍然是最初创建的形态。在设计河道时可以自然弯曲延伸，如果发生洪水，则可以采用漫滩的形式来应对，基本确保两年，最多一年漫滩一次。但是，从我国的实际国情来看，这一理念当下还无法普及，因为受社会经济条件的影响，我国大部分的河道都已经建设了堤防工程，更改河道需要投入大量的财力、物力和人力，这在当前是不太可能的。不过对于那些还没有堤防的河段，这种措施倒不失为是一种防洪规划的最佳备选方案。

2. 堤防后靠

堤防后靠的根本原理和洪水后退的原理是一样的，不同之处是河漫滩的洪水仍然处于受控的状态，它被控制在堤防之内。在布置堤防的时候应该避开蜿蜒的区域，这样的话，即使在地貌的变化比较频繁的地段，河道仍然能够摆动。此项措施很贴合目前的洪水管理的理念，但因为经济的原因，如果要具体的落实，面临着很大的困难。如果是新建堤防，那么在设计堤防线时，有一条需要遵循的原则就是应该宽的部分就要尽可能得宽，以便于顺利的行洪，更好地保护生态环境，在这二者和土地的开发利用之间确定一个平衡点，在设计河槽和河漫滩的时候，首先是确保洪水来临时能够顺利地行洪，另外还有就是为了给生物提供一定的生存、发展的场所，那么就要预留一定宽度的浅滩和植被生存的空间，这样河流既可以自行净化，地表和地下的水也可以相互流通。

3. 两级河道

两级河道实质上是大河道内套小河道，即上部河道主要用于行洪，枯水河道主要用于改善栖息地质量和提高泥沙输移能力。上部河道可设计成公共娱乐场所或湿地型栖息地，枯水河道可设计成蜿蜒形态。

4. 行洪河道

把现有河道恢复到原来的形态，同时建设一条行洪河道或大流量河道以满足行洪需求。恢复的河道主要是为了修复栖息地，而行洪河道则可设计成湿地或低注栖息地，或开发为旅游休闲地，其作用就如同一个分离的河漫滩。

5. 加强河道内栖息地结构

通过在河道内增加砾石、翼型导流设施（侧堰）、堆石堰和鱼巢等结构，可以增强河道栖息地功能。但在设计中，必须考虑这些结构对河道过流能力和泥沙输移能力的影响，以保证防洪工程的可靠性。

6. 岸坡防护

在河道岸坡防护工程中引入树木和灌木类植被，不仅能提供良好的生物栖息地环境，而且还可以增加审美情趣。这类措施对防洪工程的改变最小，因此最容易实施，并强调在多孔性防护结构底部设置反滤层和垫层。此外，河岸植被将增进河道糙率，因此需进行详细的水力学分析来评价这种影响。针对冲刷侵蚀严重的河段，国内一些专家开发了一些岸坡防护结构和产品，包括棕纤维生态垫、柔性护岸排、鱼巢护岸砌块、净水石笼、水箱护岸砌块等。

三、河流生态系统健康评价及生态环境影响评价

众所周知，近几年，我国人口急剧上升，对于水的需求量也日益增大，同时对河流所造成的影响也日益加剧。从大部分河流的开发程度便可看出，因其过度的行为导致河水污染严重，也不乏河流出现枯竭的现象，且随之而来的植被破坏、水土流失等状态，伴随着一系列生态问题的出现，不仅让河流生态系统功能遭到损害，其服务功能也

面临退化。面对这些问题，我们应该对河流生态系统在修复系统功能以及保护方面做怎样的健康评价，才能使河流处于健康状态，这是当下确保河流流域的环境、经济以及社会处于可持续发展状态的关键所在。为了对河流流域生态系统做科学合理的评价，以便能正确分析其健康状况，本小节在结合河流流域生态系统健康内涵的基础上，对河流流域的原则、指标体系做进一步分析、评价，最终论述评价理论及方法。

（一）河流生态系统健康的内涵

生态系统健康系指生态系统的综合特征，包括系统的活力、稳定性和自我调节能力等。对于河流生态系统健康的含义，由于专业的不同，理解认识的不同，国内外学者还未就此达成共识。

通俗来讲，河流生态系统的健康应维持在弹性好、稳定性强的基础上。一旦系统的健康受到损害，那么就表示系统内某一指示物的变化超出了正常值范围。另外，系统弹性也是系统健康的一项重要指标，在系统对外界实行干扰的过程中以抵御、适应以及恢复的能力为其体现方式。像 Holling、Karr、Simpson、Bormann 还有 Norris 等对于健康的河流其生态系统都有着不同的理解。Holling 是从能力的角度来看待系统弹性，是针对系统的结构与功能不受外界的干扰而言，而系统的健康程度取决于系统的弹性大小。Karr 等对其的定义是以完整、平衡以及适应度于河流的生态的情况来进行总结。而认为健康的河流便是其最初的形态是 Simpson。对于 Bormann 与 Norris 等来说，前者是以程度来定义其系统的健康状态，此程度是生态与现代人在可能性与需求上的一种重叠，他认为生态系统于河流的健康除了对其本身的结构和功能要有一定的保持外，还要使人们的需求得到满足。而后者则表示，人们的需求度是评价河流健康于生态系统的前提。

（二）河流生态系统健康评价的原则、指标体系

1. 评价的原则

（1）原则一——动态性。总体来说，生态系统不仅与其生态过程紧密相关，同时也离不开周围环境，并随时间而不断变化。从另一方面来讲，生态系统能在一定范围上维持需求平衡，就是因为其不论是内部之间还是与周围环境间都有相关性，以及系统自身无阻碍的输导过程。在自然条件下，依托生态系统的这种动态性特征，促使其发展的方向总是不自觉地向多样性的物种、复杂的结构以及趋于完善的功能上靠拢。所以，要实现动态的发展于系统的要求相适应，那么在评价河流是否健康于生态系统的过程中，要做好此动态的实时了解及掌控，且随时保持一定的调整。

（2）原则二——层级性。开放性是对处于系统中的各亚系统而言，同时不同的亚系统在生态活动的过程中也是各不相同的，如层次上有高、低的差异；类型上又有包含与非包含之分。而导致此现状的原因是时空范围的差异性于系统在形成的过程中所致，而层级是否与时空背景相适应，也对其系统是否健康的评价有决定性作用。

（3）原则三——创造性。系统具有自我调节过程，这种过程不仅具有创造性，而且是建立在以生物群落为核心的基础上。同时，从本质特征来讲，生态系统本身具有创造性。

（4）原则四——有限性。凡是系统中的资源，都是有限的存在。从功能上讲，要确保其的资源恢复以及再生能力的稳定性，继而再实施开发与利用的方式于生态系统。

（5）原则五——多样性。从一定程度来讲，生态系统之所以能适应环境变化、维持系统稳定、优化功能，是因为生态系统结构具有复杂性以及多样性。在生态系统评价中，包含维持生物多样性这一方面。

2. 指标体系

根据国内外主要江河水生态与水环境保护研究成果，在分析研究

重要河流健康评价实践基础上，综合考虑河流生态系统活力、恢复力、组织结构和功能以及河流生态系统动态性、层级性、多样性和有限性，从河流水文水资源状况、水环境状况、水生生物及生境状况、水资源开发利用状况等方面确定评价指标。

（三）评价理论与方法

1. 评价理论

生态系统健康是生态系统特征的综合反映。由于生态系统为多变量，其健康标准也应是动态及多尺度的。从系统层次来讲，生态系统健康标准应包括活力、恢复力、组织、生态系统服务功能的维持、管理选择、外部输入减少、对邻近系统的影响及人类健康影响八个方面。它们分别属于不同的自然、社会及时空范畴。其中，前三个方面标准最为重要，综合这三方面就可反映出系统健康的基本状况。生态系统健康指数（Health Index，HI）的初步形式可表达为

$$HI = VOR \tag{2-1}$$

式中　HI——系统健康指数，也是可持续性的一个度量；

　　　V——系统活力，是系统活力、新陈代谢和初级生产力的主要标准；

　　　O——系统组织指数，是系统组织的相对程度 $0 \sim 1$ 的指数，包括多样性和相关性；

　　　R——系统弹性指数，是系统弹性的相对程度 $0 \sim 1$ 的指数。

河流作为生态系统的一个类别，其健康程度同样可用上述三项指标来衡量。鉴于河流具有强大的服务功能，可单独作为一项指标。其系统健康指数（River Ecosystem Health Index，REHI）可表达为

$$REHI = VORS \tag{2-2}$$

式中　$REHI$——河流生态系统健康指标；

　　　S——河流生态系统的服务功能，是服务功能的相对程度 $0 \sim 1$ 的指数。

从理论上讲，根据上述指标进行综合运算就可确定一个河流生态系统的健康状况，但在实际操作中是相当复杂的。原因主要为：①每个河流生态系统都有许多独特的组分、结构和功能，许多功能、指标难以匹配；②系统具有动态性，条件发生变化，系统内敏感物种也将发生变化；③度量本身往往因人而异。每个研究者常用自己熟悉的专业技术去选择不同方法。

2. 评价方法

河流生态系统主要由水质、水量、河岸带、物理结构及生物体五类要素组成，这五类要素相互依存、相互作用、相互影响，有机组成完整的河流生态系统。因此，对河流生态系统健康进行评价，也必须围绕着五个方面展开。目前，河流生态系统健康评价的方法很多。从评价原理角度可分为两类：

（1）预测模型法。该类方法主要通过把一定研究地点生物现状组成情况，与在无人为干扰状态下该地点能够生长的物种状况进行比较，进而对河流健康进行评价。该类方法主要通过物种相似性比较进行评价，且指标单一，如外界干扰发生在系统更高层次上，没有造成物种变化时，这种方法就会失效。

（2）多指标法。该方法通过对观测点的系列生物特征指标与参考点的对应比较结果进行计分，累加得分进行健康评价。该方法为不同生物群落层次上的多指标组合，因此能够较客观地反映生态系统变化。

从评价对象角度也可分为以下两类：

（1）物理—化学法：主要利用物理、化学指标反映河流水质和水量变化、河势变化、土地利用情况、河岸稳定性及交换能力、与周围水体（水库、湿地等）的连通性、河流廊道的连续性等。同时，应突出物理—化学参数对河流生物群落的直接及间接影响。

（2）生物法：河流生物群落具有综合不同时空尺度上各类化学、物理因素影响的能力。面对外界环境条件的变化（如化学污染、物理生境破坏、水资源过度开采等），生物群落可通过自身结构和功能特性的调整来适应这一变化，并对多种外界胁迫所产生的累积效应做出反应。因此，利用生物法评价河流健康状况，应为一种更加科学的评价方法。生物评价法按照不同的生物学层次又可划分为以下五类：①指示生物法：就是对河流水域生物进行系统调查、鉴定，根据物种的有无来评价系统健康状况；②生物指数法：是根据物种的特性和出现的情况，用简单的数字表达外界因素影响的程度。该方法可克服指示生物法评价所表现出的生物种类名录长、缺乏定量概念等问题；③物种多样性指数法：是利用生物群落内物种多样性指数有关公式来评价系统健康程度。其基本原理为：清洁的水体中，生物种类多，数量较少；污染的水体中生物种类单一，数量较多。该方法的优点在于确定物种、判断物种耐性的要求不严格，简便易行；④群落功能法：是以水生物的生产力、生物量、代谢强度等作为依据来评价系统健康程度。该方法操作较复杂，但定量准确；⑤生理生化指标法：应用物理、化学和分子生物学技术与方法研究外界因素影响引起的生物体内分子、生化及生理学水平上的反应情况。可评价和预测环境影响引起的生态系统较高生物层次上可能发生的变化。

澳大利亚学者近期采用河流状况指数法对河流生态系统健康进行评价，该评价体系采用河流水文、物理构造、河岸区域、水质及水生生物五个方面的二十余项指标进行综合评价，其结果更加全面、客观，但评价过程较为复杂。

河流健康评价方法种类繁多，各具优势，在具体的评价工作中，应相互结合，互为补充，进行综合评价，才能取得完整和科学的评价结果。同时，评价的可靠性还取决于对河流生态环境的全面认识和深刻理解，包括获取可靠的资料数据，对生态环境特点及各要素之间内在联系的详细调查和分析等，均是评价成功的关键。

此外，在河流生态系统健康评价中应注意以下几点：

（1）河流生态系统健康是河流生态系统的综合特征，是一个集生态价值、经济价值和社会价值为一体的综合性概念，其评价及管理的目标必须建立在公众期望与社会需求基础上。

（2）影响河流生态系统健康的因素众多，而流域作为河流生态系统的外环境，对河流生态系统的影响举足轻重。流域的自然环境条件及经济社会发展状况均对河流的物理、化学、生物特征产生直接或间接的影响，有什么样的流域就有什么样的河流。因此，我们在河流生态系统健康评价中，不应仅考虑河流本身，而应着眼于全流域，将河流作为流域这一大系统中的重要组成部分，高度重视流域的整体性和协调性。

（3）有关河流生态系统健康方面的研究，目前尚处于探索与发展阶段。随着可持续发展水利战略的实施，维持河流生态系统健康必将成为河流管理的重要目标，迅速建立科学的、适合于我国河流的健康评价体系，已成为经济、社会及环境可持续发展的必然要求。

第二节　利用水利工程改善小气候

对生态影响较大的水利工程建设项目主要是大中型水利工程、城市区域防洪治涝工程、大型水土保持工程和小流域治理工程。这些工程对水域分布、规模、地表植被、地表土层和集水区汇流特性的影响较大，对生态环境影响也大，除了要克服水利工程对生态环境带来的负面影响外，还需要充分发挥其生态功能。

一、空气负离子增产功能

负离子（NAI）是由 O^{2-}、OH^-、O^- 等与若干 H_2O 结合形成的原子团，对人体有益并具有环保功能的主要负离子是指 $O^2(H_2O)_k$ 和 $OH^-(H_2O)_k$ 这两种，负离子远不止这两种。负离子对人体非常有益，其主要作用包括缓解人的精神紧张和郁闷；具有镇静、催眠和降低血压作用，使脑电波频率加快，运动感时值加快，血沉变慢，使血的黏稠度降低，血浆蛋白、红细胞血色素增加，使肝、肾、脑等组织氧化过程增强，提高基础代谢，促进蛋白质代谢，加强免疫系统，对保健、促进生长发育具有良好的功效。负离子还具有杀菌、净化空气的作用，负离子与细菌结合后，使细菌产生结构的变化或能量的转移，导致细菌死亡。

负离子无论对人类还是对环境都是非常有益的。负离子是在特定的气候环境下产生的，水环境是产生空气负离子的重要条件。根据有关研究表明，空气负离子的浓度正比于空气湿度，与水环境密切相关。这与负离子的结构有关，负离子本身就是与水结合形成的原子团，因此，水是形成负离子的基础。水利工程增加空气中的湿度，加上水利工程周边的绿化带和水生植物保护，提供了负离子产生的良好环境和基本条件，水利工程在改善小气候方面具有重要作用。

目前，水利工程对增加空气负离子和改善小气候的量化分析体系没有建立起来，但是有关研究已能说明问题，例如，文献的实测数据见表2-4，表中反映对于空气负离子浓度及空气质量而言，有水环境远好于无水环境。分析，各种植被和环境搭配的空气质量排序为：乔灌草＋流水结构＞小溪流＞乔灌草＞乔灌、乔草＞草坪、稀灌草＞乔铺、稀乔。由此可见，城市河道治理必须考虑河堤周边配套的绿化工程，主要利用河堤临水侧的水陆过渡段种植大量的水生植物和草，河堤背水侧的地带主要种植乔灌类植物，形成乔灌草＋流水结构，营造负离子丰富的小气候。

表2-4 实测某地区不同环境和植物的空气负离子浓度 单位：200个/cm³

项目	月份	植物配置类型	郁闭度	正离子浓度	负离子浓度	*CI*
无水环境	8	稀乔	0.1	1.63	1.53	0.144
		乔铺	0.2	1.94	1.72	0.152
		稀灌草		2.81	2.15	0.165
		草坪		1.59	1.75	0.193
		乔木	0.4	2.05	2.25	0.247
		乔草	0.5	5.66	5.34	0.504
		乔灌	0.4	2.83	3.83	0.518
		乔灌草	0.85	8.4	13.54	2.183
		平均		3.364	4.014	0.513
	10	乔灌草	0.7625	17.9	18.8	1.975
		乔木	0.3	11.0	11.6	1.223
		灌草		14.5	13.3	1.220
		草坪		13.8	12.3	1.096
		平均		15.5	15.7	1.379
有水环境	8	静水	0.2	1.67	2.48	0.368
		小溪流	0.5	12.63	24.05	4.580
		乔灌草流水	0.95	96.6	98.64	10.072
		平均		15.5	16.08	5.007

表中 *CI* 为空气质量评价指数，计算式为

$$CI = \frac{N^-}{1000q}$$

$$q = \frac{N^+}{N^-}$$

式中 N^-——空气负离子浓度，个/cm³；

N^+——空气正离子浓度，个/cm³；

q——单极系数。

结果表明，空气湿度对负离子产生有很大的影响，两者的相关性最

大，达到 0.849。有关空气负离子的浓度与气候因子的相关系数见表 2-5。

表 2-5　气负离子的浓度与气候因子的相关系数

项目	负离子	风速	噪声	粉尘含量	相对湿度	光强	温度
负离子	1	− 0.5402	− 0.5741	− 0.7113	0.849	0.7533	− 0.7777
风速	− 0.5402	1	− 0.0838	0.1178	− 0.4321	0.7901	0.6544
噪声	− 0.5741	− 0.0838	1	0.8718	0.367	− 0.0175	0.0628
粉尘含量	− 0.7113	0.1178	0.8718	1	− 0.6284	0.3495	0.3947
相对湿度	0.849	− 0.432I	0.367	0.6284	1	− 0.7918	− 0.873
光强	0.7533	0.7901	0.0175	0.3495	− 0.7918	1	0.9112
温度	0.7777	0.6544	0.0628	0.3947	0.873	0.9112	1

二、地表热辐射特性改善功能

现代城市是经济社会发展的中心，随着社会的发展进步，城市化发展速度在不断加快，出现许多人口数量超过数千万的超级大都市，也有许多城市连成一片，形成同城化大都市。大都市发展产生一个非常突出的问题就是城市的热岛效应，由于人口高度集中，大量的生产、生活活动造成大量的热排放，加上高楼大厦下建设密度高，对于长波辐射的吸收作用非常大，对太阳能的反射作用小，导致城市气温明显高于周郊区。导致城市热岛效应的因素主要有：①热排放，高密度的人口和相关的生产、生活活动产生大量的热排放；②热反射，用砖、混凝土、沥青等人工材料铺砌的城市地面，热容量大、对太阳热能的反射率小；③热扩散，密集的高楼大厦建筑物，阻碍热空气流通和热能扩散；④热辐射场，城市的硬质化地面和高楼建筑材料的热容量大，能够吸收大量的太阳热量，对长波辐射吸收作用非常强，使城市变为一个巨大的热辐射场。

城市绿化有助于减小热岛效应，增大城市绿化率是解决城市热岛效应的有效措施。根据文献的观测，气温与影响因素的相关系数见表 2-6。

表2-6　气温与影响因素的相关系数

平均气温	绿化率		水面比率		建筑容积率		人为排放	
	Pearson相关系数	双尾t检验显著水平	Pearson相关系数	双尾t检验显著水平	Pearson相关系数	双尾t检验显著水平	Pearson相关系数	双尾t检验显著水平
全天	0.755	0.019	0.826	0.006	0.904	0.001	0.810	0.008
白天	0.625	0.072	−0.762	0.017	0.823	0.006	0.765	0.016
夜晚	0.336	0.337	−0.338	0.374	0.488	0.182	0.608	0.082

全天气温与表中各因素具有较显著的强相关特性，值信度达到95%以上，各因素的线性相关顺序为建筑容积率＞水面比率＞人为排放＞绿化率。其中绿化率和水面比率与全天气温呈负相关，对降低气温、控制城市热岛效应有重要的作用。绿地和水面在控制气温方面的机理是相同的，分别利用植物的蒸腾作用和水面蒸发现象，将地面吸收的太阳辐射热能以潜热的形式释放到周围空气中，但不升高气温，能有效控制城市热岛效应。

城市蓄水景观水利工程能够有效增加水面比率，同时通过河堤两岸的绿化带提高绿化率，对控制周边小气候、控制城市热岛效应具有良好的作用。城市防洪治涝工程通常要兼顾城市景观建设，一方面通过闸坝拦河蓄水，扩大城市河道的水面积，形成人工湖的水面景观。开阔水面有利于城市冷热空气对流，加速城市热空气扩散；另一方面，在防洪堤岸建设中，为确保行洪断面，通常将堤线内移，增加河道两岸过渡段面积，并在堤外种植水生植物，对堤内侧开阔地带进行绿化，形成一河两岸的绿化带，大大增加河道周边城区的绿化率和水面比率，改善一河两岸的小气候和水环境，减缓城市热导效应。

第三节　利用水利工程涵养水源

水以三种形式存在于空中、地面及地下，包括气态、液态和固态，成为大气中的水、海洋水、陆地水以及动植物有机体内的生物水。它们相互之间紧密联系、相互转化，形成循环往复的动态变化过程，组成覆盖全球的水圈。根据《中国大百科全书·气海水卷》中水资源的定义："地球表层可供人类利用的水，包括水量（质量）、水域和水能资源"，同时又强调"一般指每年可更新的水量资源"。水资源是处于动态变化的，在其循环变化过程中，只有某一阶段（状态）的水量可供人类利用，可利用水量在时空的分布决定水资源的利用率，涵养水源就是使水量在时空的分布更加合理，提高水资源的可利用率。

可利用水主要是降水形成的陆地淡水资源，包括地表水和地下水。所以，降雨是形成地表和地下水的主要过程之一，降雨开始后，除少量直接降落在河面上形成径流外，一部分滞留在植物枝叶上，为植物截留，截留量最终耗于蒸发。落到地面的雨水将向土中下渗，当降雨强度小于下渗强度时，雨水将全部渗入土中；当降雨强度大于下渗强度时，一部分雨水按下渗能力下渗，其余为超渗雨，形成地面积水和径流。地面积水是积蓄于地面上大大小小的坑洼，称为填洼。填洼水量最终消耗于蒸发和下渗。降雨在满足了填洼后，开始产生地面径流。

下渗到土中的水分，首先被土壤吸收，使包气带土壤含水量不断增加，当达到田间持水量后，下渗趋于稳定。继续下渗的雨水，沿着土壤孔隙流动，一部分会从坡侧土壤孔隙流出，注入河槽形成径流，称为表层流或壤中流。形成表层流的净雨称为表层流净雨；另一部分会继续向深处下渗，到达地下水面后，以地下水的形式补给河流，称为地下径流。形成地下径流的净雨称为地下净雨，包括浅层地下水（潜水）和深层地下水（承压水）。

下渗到土中的水，经过地下渗流和涵蓄，能够形成持续的地下径流，地下径流在时空分布上比较合理，有利于开发和利用。涵养水源就是要维持和保护自然的地下径流，增强集水区的地下水的涵蓄能力，地下水经过地层土壤的层层过滤水质良好，而且富含矿物质。

地面的沟壑、湿地、水塘、湖泊和水库等也可以拦蓄地表水，对水流过程重新分配，使之更加合理，可以有效维持生态环境用水和水资源开发。地表水的涵养主要取决于地表坡面汇流和河道汇流特性以及湖泊、滞洪区的调蓄能力，延缓汇流时间，可以减小洪峰流量，增加水量在河流的滞留时间，使得河流流量过程趋于平缓和合理。蓄洪区可以减少洪水灾害，使洪水资源化。

一、改善下垫面下渗条件

涵养水源的效能与植被、土层结构和地理特征有关。在水利工程建设中，通过植被措施、改善土层结构和集水区河流改造等小流域治理措施，改善集水区下垫面下渗强度，提高涵养水源效能。

集水区下垫面的渗流特性决定地下径流的形成和基流量。下垫面的下渗变化规律可按霍顿公式计算

$$f_t = (f_0 - f_c)\,\mathrm{e}^{-kt} + f_c \qquad (2\text{-}3)$$

式中　f_t——t 时刻的下渗率，mm/h、mm/min、mm/d；

　　　f_0——初始（$t = 0$ 时刻）的下渗率，mm/h、mm/min、mm/d；

　　　f_c——稳定的下渗率，mm/h、mm/min、mm/d；

　　　k——下渗影响系数，反映下垫面的土壤、植被等因素。

下垫面的下渗率受到众多的因素影响，式（2-3）反映的是下渗变化规律，其计算精度主要取决于参数 f_0、f_c 和 k 的取值。一般情况下，下垫面各种因素的综合影响主要用径流系数来反映。

城市集水区的特点是有大量的人工建筑物，人工建筑是不透水的集水面，所以一般将集水区分为透水区和不透水区。由于降雨损失是一个复杂的过程，受众多的因素影响，在分析计算中比较难于把握每一个要素，因此在工程计算中，把各种损失要素集中反映在一个系数中——径流系数。一次径流系数是指一次降雨量与所产生的径流深之比，在多次观测中可以获得平均或最大的径流系数，在分析计算中为安全起见一般取偏大的数值。径流系数还与降雨强度有关，降雨强度越大，径流系数也越大。径流系数一般按经验选取，根据不同的地面

进行选择或进行综合分析选择。表2-7和表2-8给出经验数值，供工程计算参考。

表2-7　单一地面覆盖情况的径流系数

地面覆盖情况	径流系数	备注	地面覆盖情况	径流系数	备注
屋面、混凝土、沥青路面	0.90		干砌砖石和碎石路面	0.40	
大块石铺路面和沥青处理的碎石路面	0.60		土路面	0.30	
级配碎石路面	0.45		绿地、公园	0.15	

表2-8　城市综合径流系数

区域	不透水建筑物的覆盖率	径流系数	备注
中心城区	>70%	0.6~0.8	
较密居住区	50%~70%	0.5~0.7	
较稀的居住区	30%~50%	0.4~0.6	
很稀的居住区	<30%	0.3~0.5	

对于同一地区的下垫面，蒸发量基本相同，如果地形地貌相同，那么，径流系数的差别就在于下渗率的不同。因此，通过对各种下垫面的综合径流系数对比，可以近似分析下渗量的差值。设某集水区 t 时段平均面暴雨量为 $\bar{H}_t$，径流系数为 a_i，$i = 1$、2（代表下垫面 1 和下垫面 2），则两个下垫面平均的下渗率差值为

$$\Delta f = \frac{(1 - a_1)\bar{H}_t}{t} - \frac{(1 - a_2)\bar{H}_t}{t} = \frac{(a_2 - a_2)\bar{H}_t}{t} \tag{2-4}$$

对下垫面涵养水源的功能分析，可以采用对比分析法，通过径流系数差值计算下渗率的差值，从而分析下垫面涵养水源的功能。

二、改善河道、湖泊的水文特性

涵养地表水面积的主要因素是集水区各类水面，有效地表水调蓄区

是湖泊、水库、湿地、山塘、鱼塘、蓄水池、水窖、密集的河网水域，一些地区的地下河、溶洞等也能调蓄洪水。在大规模的土地开发和流域治理，都会造成水域面积的增减，影响区域的洪水调蓄能力和地表水的涵养效能。反映水域调蓄能力的指标主要是有效库容或水面面积，调蓄深度较大的水库和湖泊应用有效库容来表示，调蓄深度较小的开阔水面，可以用水面面积或水面比率来表示。

河道的水文特性是河道最重要的生境，对河道水生态环境有十分重要的影响。目前，在水利工程建设中，十分重视河道的生态和环境需水的研究，但主要关注河道最小需水要求，对基本的水文过程的要求关注不够，事实上，维持河道原有的水文周期性及其变化规律、地表水的涵养效能，也是水生态环境保护的基本要求。

水利工程建设可能改变流域河道汇流特性，例如，通过水利工程合理地改造河道（网），有限度地使河道水库化，调整河道长度、断面形态、平面形态，改善河道汇流特性，调高河道调蓄能力，从而改善河道的水文特性，恢复河道水生态环境，增强地表水涵养效能。为了能够从量上评价和分析河道水文特性的改变情况，需要建立河道汇流特性的评价模型。自然河道设计洪水一般利用推理公式法和综合单位线法来计算，推理公式法和综合单位线法可以模拟自然河道的汇流情况，但是受到水利工程和其他人为影响河道的汇流特性不同于自然河道，其汇流特性需要建立理论模型来描述。通过理论计算确定计算断面的单位线，与自然河道或参照系统的单位线对比，可以量化分析河道治理工程对河道水文特性的影响。为分析河道各断面的单位线，下面提出理论单位面的计算模型。

（一）理论单位面

在设计洪水的计算理论中，单位线法是十分重要的方法。所谓单位线是指在特定的流域上，单位时段内均匀分布的单位净雨深在流域出口断面所形成的地面径流过程线。单位线的分析和运用基础是三个假设：

（1）底宽相等的假设。单位时段内净雨深不同，但它们形成的地面流量过程线总历时相等。

（2）倍比假设。若净雨历时相同，但净雨深不同的两次净雨，所形成的地面流量过程线形状相同，则两条过程线上相应时刻的流量之比等于两次净雨深之比。

（3）叠加假设。如果净雨历时是 m 个时段，则各时段形成的地面流量过程互不干扰，出口断面的流量过程线等于 m 个时段净雨的流量过程之和。

在这三个假设之下，单位线可以用于各种降水过程的洪水流量过程线分析，因此建立单位线是关键。如果要分析河道全长洪水流量的分布及其时间过程，需要建立河道所有断面的对应单位线，即单位面。因此，所谓单位面是指在特定的流域上，单位时段内均匀分布的单位净雨深，在流域河道所形成的地面径流过程面。

（二）坡面汇流分析

实际上城市地面汇流不能简单视为单纯的坡面汇流，城市地面汇流体系的大部分是城市管（沟）网组成的排水系统，因此需要通过实地调研统计，计算出单位集水面积中管（沟）平均汇流距离，再由水力学计算公式计算河道沿程各段地面汇流时间，确定汇流时间 r，然后与河道汇流基本方程进行耦合分析。由于城市管网分布密度大、走向复杂，管网汇流可以概化为坡面汇流。

第四节　利用水利工程固碳制氧

当前，应对全球气候变化是国际社会所要面对的重大问题，因此减少温室气体排放，实行低碳经济日益受到越来越多国家的关注和重视。发达国家在低碳经济发展实践过程中积累了丰富的经验，对我国有着重要的借鉴意义。我们必须重视其重要性，逐步促进经济发展向低碳方式转变。

一般来说，"低碳经济"是通过更少的自然资源消耗和更少的环境污染，获得更多的经济产出。目前"低碳经济"已成为具有广泛社会性的经济前沿理念，但仅仅把"低碳经济"定义为"在不影响经济发展的前提下，通过技术创新和制度创新，降低能源和资源的消耗，尽可能最大限度地减少温室气体和污染物的排放，实现经济和社会的可持续发展"过于被动，事实上在发展经济和建设中，可以主动治理温室效应，固碳技术是解决温室效应的有效途径。小流域治理就可以利用固碳制氧技术，在改造小流域和发展当地经济的同时，将大气中的碳以安全的形式封存起来，以实现控制温室效应的目的。

以二氧化碳为唯一碳源的自养生物，包括植物、藻类、蓝藻、紫色和绿色细菌，为地球上所有其他生物提供赖以生存的能量，同时还在地球的氮和硫的循环中扮演重要角色。自养生物固定 CO_2 的路线是 CO 和一个五碳糖分子作用，产生两个羧酸分子，糖分子在循环过程中再生。植物、藻类和蓝藻（都是有氧的光合作用），以及某些自养的蛋白菌、厌氧菌都是按这条路线固碳。小流域治理可以通过合理地种植果林木、旱作物、草场、农作物，并对水域进行综合治理实现治理水土流失的目的，通过固碳制氧，实现治理温室效应的目标。

在小流域治理方面，有关植被的保护、绿化、果木园林建设以及农耕地、湿地、坡地等方面的治理，都有利于固碳制氧，对各种林木、果树、土壤、水域的固碳制氧功能和价值要进行全面的评价。小流域治理中的植被措施等对固碳制氧功能的影响较大，例如，森林的覆盖率，主要林木种类及其种群分布，人工林及林分情况，树龄、树高和胸径等数据。

一、森林植被固碳制氧功能评价

植物通过光合作用将大气中的 CO_2 转化为有机物质（葡萄糖），并储存在植物的枝、干、叶、根以及土壤腐殖质，还包括未分解的落叶，同时释放氧气。在评价植物固碳量时，主要依据光合作用公式：

$$5CO_2（264g）+6H_2O（108g）==C_6H_{12}O_6（180g）+CO_2（192g）$$

$$C_6H_{12}O_6==C_6H_{10}O_5（多糖，干物质，162g）+H_2O$$

由上式可知，每生产 162g 干物质，可以吸收固定 264g 的 CO，释放 $192gO_2$。森林植被固碳制氧的评价指标计算，主要需要分析森林植被的

生物量及其增值，林木主干材积公式

$$V = \sum \frac{\pi d_i^2}{4} h_i \qquad (2-5)$$

式中　V——主干材积，m^3；

　　　d_i——树高 0.5m 处的直径，m；

　　　h_i——树枝以下主干高度，m。

枝条是主干材积的 1~2 倍，取 1.5 计，整树材积为 $(1+1.5)V$，扣除树根、枝叶（含全树的 35.89%）等，木材比重为 $0.45t/m^3$，则林木干物质转换系数为

$$B = (1+1.5) \times 64.11\% \times 0.45V = 1.775V \qquad (2-6)$$

式中　B——林木干物质，t。

综合计算森林植被固碳制氧的指标，要考虑林分初级生产力和土壤年固碳速率，提供的计算公式为

$$G_Z = 1.63RAB \qquad (2-7)$$

$$G_T = AF \qquad (2-8)$$

$$G_Y = 1.19AB \qquad (2-9)$$

式中　G_Z——植被年固碳量，t/a；

　　　R——二氧化碳的碳含量，为 27.27%；

　　　A——林分面积，hm^2；

　　　B——林分净初级生产力，$t/(hm^2 \cdot a)$；

　　　G_T——土壤年固碳量，t/a；

　　　F——林分土壤年固碳速率，$t/(hm^2 \cdot a)$；

　　　G_{YY}——林分年释放氧量，t/a。

根据文献 E2s3 的测定，峨眉山风景区森林林分净初级生产力和土壤年固碳速率见表 2-9。

固碳价格：瑞典税率 150 美元/t。

制氧价格：我国卫生部网站（http://www.mob.gov.cn）2007 年春季发布的氧气平均价格为 1000 元/t。

表 2-9　峨眉山风景区森林植被固碳释氧功能

植被类型	面积 (hm²)	净初级生产力 [t/(hm²·a)]	植被年固碳率 [1.63RB[t/(hm²·a)]	土壤年固碳速率 /[t/(hm²·a)]
冷杉	2295	10.9785	4.8800	4.8483
冷杉+阔叶树	372.5	10.4789	4.6579	5.2377
杉类	1223.5	9.2236	4.0999	4.6887
杉类+阔叶树	329.1	7.6249	3.3893	4.8070
栎类	2159.7	5.8774	2.6125	2.7784
樟、楠	235.1	8.9890	3.9956	5.2205
软阔	361.7	12.1485	5.4000	2.6183
其他硬阔	219.7	6.1732	2.7440	2.0882
疏林	120.4	3.7761	1.6785	2.0522
毛竹林	29.5	12.5637	5.5846	2.3086
杂竹林	417.7	11.3978	5.0663	2.6252
灌木林	2696	2.3563	1.0474	1.9789
平均		8.4657	3.763	3.4377

二、湿地和农田固碳制氧功能评价

沼泽植物净初级生产力计算公式为

$$NPP = 0.29e^{-0.216(RDD)}\left(\frac{0.001R_z}{4.2}\right) \tag{2-10}$$

$$R_n = 0.35R_z \tag{2-11}$$

$$RDI = \frac{R_n}{rL} \tag{2-12}$$

$$L = 2507 - 2.39t \tag{2-13}$$

式中　NPP——沼泽植物净初级生产力，t/(hm²·a)；

　　　R_z——太阳总辐射，J/(cm²·a)；

　　　r——年降水量，cm/a；

　　　t——平均气温，℃。

沼泽植物净初级生产力计算公式的适用范围为 $RDI < 4$。固碳量和

制氧量按光合作用计算。

沼泽地固碳速率 CSR 的计算公式为

$$CSR = \rho \times SOC \times R \tag{2-14}$$

式中　ρ ——沼泽土壤容重，g/cm^3；

　　　SOC ——土壤含碳量，g/kg；

　　　R ——湿地土壤沉积速率，mm/a。

沼泽地固碳速率 CSR 的实测数据见表2-10。

表2-10　沼泽地固碳速率 CSR 的实测数据

湖泊	固碳速率 $/[g/(m^2 \cdot a)]$	湖泊	固碳速率 $/[g/(m^2 \cdot a)]$	湖泊	同碳速率 $/[g/(m^2 \cdot a)]$
独山湖	63.71	岱海	30.33	洞错	6.47
微山湖	24.91	青海湖	22.95	痢鲁错	5.60
洪湖	2981	呼伦湖	45.43	色林错	3.48
巢湖	4078	滇池	35.43	希门错	10.47
太湖	16.82	泸沽湖	6.60	清水河	5.12
东湖	129.39	程海	34.8	小月亮泡	5.47
乌梁素海	48.84	洱海	3.48		

农作物生物量的计算公式为

$$Q = \frac{b(1 - \omega)}{f} \tag{2-15}$$

式中　Q ——农作物生物量，t/a；

　　　b ——农作物经济产量，t/a；

　　　ω ——农作物含水量；

　　　f ——经济系数，见表2-11。

表 2-11 经济系数 f

序号	农作物	含水量/%	经济系数（下限）	经济系数（上限）
1	水稻	14	0.38	0.51
2	玉米	14	0.30	0.40
3	大豆	12.5	0.20	0.30
	平均	13.5	029	0.4

农作物固碳量和制氧量按光合作用计算。农田地下生物量 Q_2：稻田 355.0g/m³；大豆 95.2g/m³。

$$固碳量 = Q_2 e \qquad (2-16)$$

其中，水稻 $e = 0.47$、玉米 $e = 0.45$（参考大豆数值）、大豆 $e = 0.45$。

第三章　新时期水利水电开发的生态环境效应

第一节　水利水电开发

人类修堤筑坝、防洪引水的历史可以追溯到 5000 年前（周端庄，1995）。自法国 1878 年建成世界上第一座水电站以来，水利水电开发的理论与技术都有了长足进步，从中产生的社会效益及经济效益不言而喻。第二次世界大战后，世界各国都加快了大型水利设施建设的步伐。截至 2005 年，水电开发提供的能源已占人类消耗清洁能源的 87%，已有 160 多个国家拥有各类水电站。从国家发展的角度来看，优先开发可再生能源，尽量保留化石能源是可持续发展的重要手段之一。作为可再生能源，水电是技术最成熟的，也是目前唯一适用于大规模商业开发的资源。水电资源可以重复利用，但却无法保存，不开发即意味着巨大的浪费。尽管世界各国水能资源的天然条件有很大差异，但发达国家水电开发程度普遍高于发展中国家。截至 21 世纪初，世界上有 24 个国家利用水电提供 90% 以上的能源，55 个国家提供 50% 以上的能源，62 个国家提供 40% 以上的能源，其中发达国家的平均水电开发程度已在 60% 以上（贾金生，2004）。

我国的经济和城市化正处于高速发展时期，能源供需矛盾日益紧张，能源已成为我国经济社会可持续发展亟须解决的问题。我国的水能资源居世界第一位，但目前开发利用率还比较低。截至 2005 年，水电装机占可开发量的比例不到 27%，在全国能源总量中水电的比例约为 19%。因此，有序开发水能、提高水资源利用效率已成为我国能源战略及可持续发展战略中的重要组成部分（李世祥等，2008）。

第二节　流域生态环境功能

目前，我国的水利水电工程主要是基于流域尺度的，如何在遵循流域生态环境自然规律的前提下，既充分考虑水资源及环境承载能力又能保证流域经济的可持续发展成为人们关注的热点。为更好地平衡流域水资源、生态环境与经济发展，首先需要明确流域的生态环境功能。

流域的功能包含自然功能和社会功能两部分，其中自然功能又分为生态环境功能和水文功能，具体分类如图 3-1 所示。

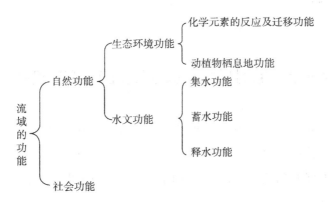

图 3-1　流域的功能分类

Black（1997）详细阐述了这五项基本的流域自然功能。

1. 化学元素的反应及迁移功能

流域提供了物理化学反应进行的场所和运移通道，这些反应利用水作为主要载体，对化学元素在水圈、岩石圈、大气圈以及能量圈之间的迁移转换起到了重要作用。

2. 动植物栖息地功能

流域自身的地形、地貌特点及其水文功能为生活在其中的动植物提供了多样的栖息地，同时，生活在其中的动植物的各类活动也对流域带来了相应的影响。

3. 集水功能

流域能够将时空变化的降水进行收集，然后再结合流域自身特点将降水转化为径流。流域的集水功能主要受制于流域特征（几何特征、地形特征、自然地理特征等）和气候特征。

4. 蓄水功能

流域蓄水是集水与释水的媒介，部分蓄水特征也是集水和释水过程的组成部分；流域蓄水特征主要包括蓄水的类型、蓄水容量、蓄水位置分布、产流的阻力以及前期水分条件等。

5. 释水功能

释水是水资源在流域内的输出过程，也是最后一个环节；影响集水和蓄水的因素都会对释水产生影响，其中主要的影响因素包括产流的阻力（河网特征、距离蓄水位置的距离等）和流域特征等。

第三节　新时期水利水电开发的生态环境效应

在了解流域生态环境功能和水文功能后，水利水电工程规划、建设以及运行中就可以根据周边自然环境和工程自身特点，平衡生态环境保护与经济发展的利益。经过几十年的研究，水利水电工程的生态环境效应主要体现在以下几个方面。

一、水利水电开发的生态环境正面效应

流域水利水电开发的目的是满足社会发展的能源需求，兼顾防洪、灌溉等其他功能。如果水电得到合理地开发利用，在满足根本目的的同时，还会对生态环境产生一定的正面效应。

1. 无污染的清洁能源

水电是清洁可再生能源，可以用于代替化石能源，减少化石能源开采以及消耗带来的环境污染和生态破坏。

2. 调节水资源分配，防洪抗灾

水利工程可以解决区域内水资源时空分布不均，并缓解干旱区生态

环境需水的问题，还可以利用工程自身的径流调节能力抵抗洪涝灾害对生态环境造成的破坏。

3. 改善区域气候及生态环境

水利工程的开发建设增加了库区的水面面积，增加了环境湿度，在库区及周边形成适宜动植物生长的湿地环境，提高了局部地区的生物多样性。

二、水利水电开发的生态环境负面影响

流域水电开发改变了河流原有的物质场、能量场、化学场和生物场，因此不可避免地给区域甚至流域生态环境造成负面影响。

1. 对河流水文、水动力特性的影响

水文动态是河流生态系统的控制变量，是河流传送能量和营养物质的重要机制，水利工程建设及运行导致的水文情势变化将影响河道的流量、水位、流场形态和地下水水位等，并引起河床地貌的演变，进而对河道、岸边带以及洪泛平原的生态环境产生影响（Petts，1984；Karr，1991）。

2. 对水体理化特性的影响

工程运行可能带来清水和低温水下泄以及局部河段溶解气体过饱和，同时库内蓄水可能引起水体酸度增加（Naiman and Turner，2000）和营养盐积累（Muth et al.，2000），一方面降低了下游河道的初级生产力和鱼类繁殖，另一方面促进了库内藻类的大量生长（Vorosmarty，1997），若流域内多个电站同时进行调控，可能使得下游百公里以上的河道原有的理化特性得不到恢复。

3. 对河流生态系统结构和功能的影响

水利工程建成运行后，流域内原有的陆地变为水域，动水变为静水，使得河流生物群落发生变化，库区内水动力减弱、透明度增加，从而使水生态系统由以底栖附着生物为主的"河流型"异养体系向以浮游生物为主的"湖沼型"自养体系演化（Ward and Stanford，1979；Saito et al.，

2001）；大坝阻隔洄游性鱼类的通道，将会影响物种的交流；河流水位的急剧变化引起浅滩交替地暴露和淹没，会影响鱼群的栖息和产卵；水文、水质和底质的变化也将影响底栖生物的结构组成。

4. 对区域生态系统的影响

水文情势的改变可能导致洪泛区湿地减少（Pof and Hart，2002）、生物多样性减损、局部生态功能退化以及外来物种的入侵。洪泛平原生态系统适应洪水的季节性变化，水库运行改变了径流峰值和脉动频率，分割了下游主河道与冲积平原的物质联系以及生态系统的食物链（Wootton and Parker，1996），从而影响洪泛平原的生态过程（Scott et al.，1996；Pringle et al.，2000）以及区域生态系统的结构和功能（Mander et al.，1997）。一般而言，长期的水文动态与生物的生长史相关，近期的水文事件对种群的组成和数量有影响，现状水文特征主要对生物的行为和生理有影响（Brian et al.，1996）。水利工程的兴建及运行既改变了河流的水文现状特征，又改变了流域内长期的水文动态，这势必从根本上对区域和流域生态系统造成影响。

第四节　新时期水利水电开发的国内外进展

随着公众环境意识的不断增强，以及环境破坏带来的生态灾难，近十几年来对水利工程利弊的争论愈演愈烈；但是化石能源不断减少和能源日益紧张的现实使得流域水电开发依然获得重视。Nilsson 等（2005）的研究表明，全球的 292 条大型河流系统中有超过一半（172）受到了水利工程的影响，其中包括生物地理多样性最为丰富的八条水系。其中超过 300 座水坝属于巨型水坝（满足以下三项标准之一：高度超过 150m，坝体超过 $1.5 \times 10^7 m^3$，库容超过 $2.5 \times 10^{10} m^3$）。这些大规模的水资源和水能资源开发对河流甚至区域生态环境造成深远的影响，如何科学、定量地分析水库运行对河流生态环境的影响，寻求在水电设计、施工和运行中减小负面影响或增强生态环境效益的可操作措施和机制，实现水利水电开发和生态环境的和谐发展，已经成为当前水利科学研究的热点。

一、水利水电工程的生态环境影响

国外关注大坝生态效应是从大坝建设对洄游性鱼类的影响开始的（Collier etal.，1998；Petts，1994），进而逐步研究到其他物种、群落以及水生态的变化情况。20世纪40年代，美国资源管理部门就已经开始关注由于大坝建设而导致的渔场减少问题。美国鱼类和野生动物保护协会对建坝前后鱼类生长、繁殖以及产量与河流的流量问题进行了许多研究。1978年美国大坝委员会环境影响分会出版的《大坝的环境效应》（*Environmental Effects of Large Dams*）一书总结了20世纪40—70年代大坝对环境影响的研究成果，主要包括大坝对鱼类、藻类、水生生物、野生动植物、水库蒸发蒸散量、下游河道、水库和下游水质等方面的影响以及水库生态环境效益问题。

在美国，伴随着对田纳西河、科罗拉多河以及密西西比河等河流的开发，水电建设快速发展，但相继出现的生态环境问题引起科研人员和管理人员的高度重视。美国爱荷华水力研究所（IIHR）、美国工程兵团、美国科罗拉多大学以及爱荷华大学等研究机构开展了大量的水库生态环境研究。水电站运行首先改变了河流自然的流量模式，对河流水文、水动力特性产生重要的影响（Graf，1999）。自然河流需要维持河岸稳定、营养物质的输送、水体净化和生态系统稳定等功能。然而，水库运行阻断了河道内物质的运输过程，使大坝下游河道输沙量和水体的含沙量减少（Karr，1991）。有研究表明阿斯旺水库修建后，进入河口的泥沙减少，导致海岸线不断被侵蚀并后退（路玉美等，2008；朱铁蓉等，2008）。

水库蓄水后周围地下水水位抬高，导致周边土地盐碱化和沼泽化；库区下游地区地下水的补给减少，致使地下水水位下降，大片原有地下水自流灌区失去自流条件，从而降低了下游地区的水资源利用率，对灌溉造成不利影响（Karr，1991；Pof and Hart，2002）。在水电开发对河流水体的物理与化学特性的影响方面，Vorosmarty（1997）研究发现水库运行改变了营养物质在水中的迁移转化行为，表现出水体盐度增高、水温分层、藻类繁殖加剧等。Naiman 和 Turner（2000）及 Muth 等（2000）研究了水库水温分层对水体生源要素的生物地球化学行为的干扰，并较早定量测定了水库温室气体的排放通量。Petts（1984）通过对美国密苏里河的 Callaham 水库进行跟踪分析，发现出流水体磷酸盐含量比入流时的降低50%，悬移质中总磷含量降低75%，滞留在库内的营养物质使得水库水体更容易发生富营养化现象。

Ward 和 Stanford（1979）、Saito 等（2001）研究了水文情势、水流条件以及水体物理、化学特性变化对河流生物群落生境的影响，发现在水电运行之后经过再次自然选择和演替，形成一种新生态平衡。Ward 和 Stanford（1979）通过大量调查发现，由于大量鹅卵石和砂石被大坝拦截，下游河床底部的无脊椎动物如昆虫、软体动物和贝壳类动物等失去了生存环境。Saito 等（2001）的研究认为，水库削弱了洪峰，降低了下游河水的稀释作用，使得浮游生物数量大为增加，微型无脊椎动物分布面积和密度显著减少。在库内，水力滞留时间增加以及淹没的有机质分解和入流营养盐沉积，有利于浮游生物的生长和繁衍。

在水利水电工程对河流生物的影响方面，研究者对鱼类的研究最为深入、系统，特别是对洄游性鱼类、珍稀鱼类和重要经济鱼类（Haefner and Bowen，2001；Katopodis，2002）。Koed 等（2002）应用放射性标记法研究了水电站建设对大西洋鲑鱼洄游的影响，发现大坝的建设不仅阻止了洄游鱼类的自由上下，而且增加了鱼类的死亡率。Saltveit（2006）也认为大坝的建设将导致大西洋鲑及斑鳟鱼的产卵路线阻断，死亡率增高。美国工程兵团（Nestler，2002）、IIHR（Den Bleyker et al.，1997；Sinha et al.，1999；Meselhe et al.，2000；Good-win et al.，2006）以及爱荷华大学（Jorde et al.，2001）采用了先进的信息技术，在密西西比河和田纳西河中不同特征（年龄、性别、尺寸等）的大马哈鱼个体上安装电子传感器，长时间跟踪这些鱼的行为，再采用统计学方法分析它们的生活习性。在雷诺平均纳维—斯托克斯（RANS）水动力方程（欧拉方法）中引入基于个体模式（individual based model）的鱼类模型（拉格朗日方法），模拟水库不同运行方式对大马哈鱼的影响（Deangelis and Gross，

1992），从而优化鱼道的设计和水库的运行。此外，针对水压与气体过饱和对通过涡轮机以及大坝下游鱼类的影响也进行了大量的实验和模拟研究（Abernethy et al.，2003）。针对幼鱼的研究表明，在大流量期间，幼鳟鱼被冲到下游之后，在小流量期间能游回原先的位置，但当流量大到足以把鱼从它们的避难所冲走时，水流波动频率的长期影响可能非常严重，鱼群中较弱小的鱼受到的影响最为严重（哈尔比和李伟民，2002）。

水利工程的运行将阻断颗粒物的传输，而颗粒物的沉积对河流生物的分布有着显著的影响，库区内有机物质的沉积将导致底栖生物密度和生物量的急剧下降（Gray and Ward，1982；Marchant，1989；Wood and Armitage，1997）。引水式水电站的建设，将导致引水河道内的水量大量减少，在枯水期可能发生断流，这种现象不可避免地对水生生物造成严重影响，破坏水域生态环境，使沿河湿地退缩、区域生物多样性可能下降（Humphries and Baldwin，2003）。长时间的小流量会导致水生生物聚集，植被减少或消失或植被的多样性消失；植物生理胁迫导致植物生长速度较低（Christer and Magnus，2002）。调峰电站的运行会导致水流陡涨陡落，这将使得水生生物被冲刷或搁浅，洪水的陡落导致生物幼苗种群不能建立（Christer and Magnus，2002）。

Mander 等（1997）以及 Pof 和 Hart（2002）等研究了水电开发对区域生态环境的效益和影响。结果表明，水电开发可能导致下游洪泛区湿地景观减少、生物多样性减损、生态功能退化。Scott 等（1996）和 Pringle 等（2000）的研究结果也发现，梯级水电开发后，许多生物物种因其生存空间的丧失而面临濒危，繁殖能力下降，种群数量减少甚至退化。Wootton 和 Parker（1996）研究了水电开发对食物链的影响。

我国自 20 世纪 80 年代以来，陆续开展了大量水库运行对河流生态环境影响的研究。刘家寿和舒泽萍（1998）预测了火溪河一期工程建成后，枯水期脱水河段原有的着生藻类将消失，浮游植物生态类型将发生改变，浮游动物数量和生物量将增加；底栖动物生物量将减少，大坝阻隔将使鱼类产卵场位置发生变化，喜静水鱼类增多，电站冲沙将严重影响鱼类生存。王利佳和张立臣（2002）对大伙房水库浮游植物和底栖动物群落组成进行监测，结果表明，库区藻类生物量从建库初期的不足 4 万个/升上升到 506.4 万个/升，底栖动物的种类数量较建库前增加了 2.8 倍。张志英和袁野（2001）认为金沙江下游溪洛渡水电站建成后，库区及坝下水生生物分布将发生显著变化：浮游生物群落结构和生物量将发生巨大变化，洄游性鱼类鳗鲡将由于大坝阻隔无法洄游而在坝上绝迹，中华鲟洄游通道也将被阻断；水库下游水文情势和水温的变化将严重影响鲟科鱼类的繁殖，产漂浮性卵的鱼类资源量下降，喜急流生活的鱼类将从库区消失，整个鱼类资源将呈现下降趋势。任宇（2006）指出，梧桐水电站水库蓄水初期硅藻、黄藻等藻类数量将增加，水库运行一段时间后浮游植物将以蓝藻、绿藻为主；浮游动物中枝角类、桡足类、轮虫的数量将有所增加；洄游性和半洄游性鱼类数量会减少，鱼类群落结构趋于单一，产漂流性卵的鱼类繁殖受限。

二、水利水电工程生态管理与保护

研究人员在水库运行的生态管理方面也进行了大量的工作。在俄罗斯，为减轻伏尔加格勒大坝对下游鱼类产卵场的影响，自 1959 年开始每年春季模拟春汛向下游专门放水（沃罗伯耶夫，1995）。南非潘沟拉水库通过人造洪峰满足了下游鱼类生长和繁殖的要求（方子云，2004）。美国为改善科罗拉多河与密苏里河的生态条件，提出了格伦峡大坝适应性管理程式（Glen Canyon Adaptive Management Program）制定了大坝整体管理手册（Master Manual）。19 世纪晚期至 20 世纪初期、中期，美国、西欧以及苏联等一些国家及地区，为减免水电工程对鱼类的影响，建设了全国性的鱼类增殖放流体系（如美国建成了分布于全国各州的 70 个鱼类孵化场和 9 个全国鱼类健康中心，并建立了标志放流体系）。如今在欧美等国家，生境适应性管理已全面应用于大坝的规划、设计、施工、运行以及病坝的维护和拆除之中（Collier et al.，1998；Hart and Pof，2002；毛战坡等，2004）。

国外在 20 世纪中后期就开始了水库生态调度的研究与尝试。欧美一些国家的管理决策部门据此制定了水库下泄最小生态径流法案，指导水电站运行调度。英国 1991 年的《水资源法》和 1995 年的《环境法》中规定水库下泄水量不能低于当局规定的最小流量。通过改变水库的泄流量、泄流方式和泄流时间来恢复坝下生态环境的例子也越来越多，挪威的尼德河、叙纳河、达勒河、曼达尔和加拿大的西萨蒙建设有以发电为主的水库，在水电调峰运行时遵循以下原则：在冬季有光照的白天，不应降低调峰流量，停止调峰时，水位下降速度要低于 14cm/h，水电调峰应不定期进行，要保持基本流量和环境流量。这种调度方式实施后，鲑鱼的数量有所增加（徐杨等，2008）。Sale 等（1982）通过鱼类最佳栖息地面积对应的生态流量建立了水库优化调度模型，并在美国伊利诺伊州中部的一个水库进行了应用。Suen 和 Eheart（2006）也将具有季节变化的生态流量模式纳入水库调度优化模型，以中国台湾中部某水库为案例进行了调度方案研究。1995 年，日本河川审议会的《未来日本河川应有的环境状态》报告指出推进"保护生物的多样生息和生育环境""确保水循环系统健全""重构河川和地域关系"的必要性。1997 年日本对其河川法做出修改，不仅治水、疏水，而且将"保养、保全河川环境"也写进新河川法。鉴于此，日本通过水库泄水将蓄沙堰临时沉积的泥沙还原给大坝下游，尽可能使水库原有调度方式对自然环境的冲击得到恢复（吕新华，2006）。

我国自 20 世纪 50 年代以来水库建设和流域梯级开发快速发展，建设了诸如二滩、长江三峡和黄河小浪底等世界大型水电工程，对水电开发的生态环境影响和水库生态安全（张继，于苏俊，2005）也有着长期的研究，取得了丰富而宝贵的经验。我国在中华鲟和长江鲟等珍稀鱼类的鱼道设计及人工放流等方面进行了大量的研究，获得了比较成熟的经验；在黄河小浪底成功研究并实施了调水调沙运行（李国英，2004）。从 20 世纪 90 年代后期开始，伴随着西南水电基地建设以及对流域梯级开发生态环境问题的关注，我国研究人员提出了生态水工学理念（董哲仁，2003）。二滩水电站工程建设期间，在工程影响区域实施了库岸防护示范林营造、血吸虫疫区治理、施工迹地绿化等环境保护措施。二滩电站运行后，对流域水质、气候、鱼类、社会经济等主要环境生态因子进行后续监测和研究工作。研究结果表明，二滩工程经过 7 年的运行，区域生态环境系统重新形成良好的平衡状态。

随着水利水电工程施工及运行对生态环境保护要求的逐步提高，国内的研究也日益深入。许可等（2009）分析了长江干流四大家鱼生活史不同阶段的适宜生态流量，并以此为约束条件，初步研究了三峡水库可行的生态调度措施。也有学者开始将目标放在整个河流生态系统保护上，康玲等（2010）通过频率计算方法分析了汉江中下游的综合生态适宜流量，并以此建立了丹江口水库生态调度优化模型。胡和平等（2008）分析了所研究河段中河道基流要求、湿地保护所需流量等生态目标，分阶段组合出多个生态流量方案，得到了不同时期河道所需的综合生态流量约束条件，建立了黄河某支流水库的生态调度优化模型。

虽然我国在水利水电工程的设计、施工及运行中越来越多地考虑到生态环境问题，并针对珍稀鱼类的鱼道设计进行了大量的研究，但是对河流整体生态效益和生态影响的定量研究非常缺乏。随着对河流健康问题的认识，我国已逐步从单纯的水利建设开始向水资源综合利用发展，并提出了"资源水利"和"生态水利"的理念。在"十二五"规划中，积极开发水电清洁能源已被提高到国家能源安全的战略高度，水利水电工程导致生态环境效应的争论也逐渐过渡到理性和客观的状态。如何在"保护生态基础上，有序开发水电""河流健康生命""生态水工"等方面进行更深入的探索是重中之重。

因此，围绕流域水利水电工程开发开展生态环境效应研究，通过现场观测、室内实验和数值模拟等方法，深入探讨水电开发建设及运行期间对流域生态环境的影响和效益，在理论上建立比较完整的流域水电工程生态环境效应研究方法，在工程技术上提出可操作的水电工程施工及运行期环境保护方案，为我国生态友好型水资源综合开发提供技术支持，是编撰本书的主要目的。

第四章　新时期水利工程的水环境影响与保护

本章以宁夏固原地区城乡饮水安全水源工程为例，研究其对水环境的影响并提出水环境保护措施。

第一节　水文情势影响分析

以宁夏固原地区（宁夏中南部）城乡饮水安全水源工程不同典型年条件下各截引点及省界断面现有来水过程、截引过程、水量下泄过程以及上游东山坡工程引水过程等数据为基础资料，通过计算泾河干流、策底河、暖水河和颉河水系上各截引点的水量截引比例及水量减少比例，重点分析本工程自身造成的影响以及考虑上游其他工程引水及宁夏当地河道外需水等因素导致的累积影响；通过计算各截引河流省界断面的年水量截引比例、上游宁夏引水比例以及省界断面水量下泄比例，重点分析本工程截引对下游省界断面造成的水文情势影响；通过计算各截引河流下游水利工程的水量截引比例，分析本工程引水对该水利工程的影响，进而分析本工程截引水量对下游甘肃省水量以及对下游甘肃省泾河干流的影响。

一、工程背景

宁夏固原地区城乡饮水安全水源工程（以下简称本工程）位于宁夏中南部地区——固原市的泾源县和原州区，工程引水区为泾源县，受水区为固原市原州区、彭阳县、西吉县全部及中宁市海原县南部。本工程沿线经过泾源县六盘山、兴盛、黄花、什字、大湾及固原市南郊的开城乡，沿线临近 Sl01 省道，与中宝铁路、福银高速相交。工程主要包括"一源、二调、三泵、五截、十隧"，截引工程主水源——龙潭水库为已有工程，地处泾源县内，水库坝址位于渭河一级支流泾河源区，库区及大坝位于六盘山自然保护区内，坝下为泾河源省级风景名胜区。本工程主调蓄水库——中庄水库位于固原市南部 10km 的原州区开城镇和泉村附近，距固原市 10km，坝址位于清水河一级支沟上。本工程辅助调蓄水库——暖水洞水库坝址位于秦家河沟口秦家沟下游 400m 处。

本项目的建设任务是：从泾河源流区引水至宁夏中南部地区，解决固原市原州区、彭阳县、西吉县和中卫市海原县部分地区城乡生活供水问题。

宁夏固原地区城乡饮水安全水源工程是以城乡生活供水为主的引水工程，设计流量 3.75m³/s，年供水量 3719 万 m³，考虑管网损失率及水库蒸发渗漏量，多年平均引水量 3980 万 m³。本工程等别为Ⅲ等中型工程。

二、截引点与省界断面基本情况及资料概述

（一）截引点基本情况

截引点所处山洪沟道比降较陡，以兰大庄、黄林寨、红家峡、石咀子、白家沟、卧羊川截引点为例，其中兰大庄截引点沟道比降为 1/75，黄林寨为 1/50，红家峡为 1/68，白家沟为 1/70，卧羊川为 1/50，其所对应的流速较大，达到 1.041～1.647m/s，按照区域极端低气温，流速远远超过结冰流速，加之各山洪沟道冬季水温为 5～10℃，所以在冬季，截引点所处沟道的水是流动的，不会影响本工程冬季引水。

本工程引水区为泾源县境内的泾河水系，包括泾河干流及其主要支流策底河、暖水河和颉河，本工程共设定截引断面 7 个（含龙潭水库和暖水河水库），多年平均调水量为 3980 万 m³。其中，泾河干流及其支沟布设截引点 2 个（含龙潭水库），取水量为 2168 万 m³；暖水河干流及其支沟布设截引点 2 个（含暖水河水库），取水量为 788 万 m³；策底河干流

布设截引点 1 个，取水量为 481 万 m³；颉河干流及其支沟布设截引点 2 个，取水量为 543 万 m³。

各截引点基本情况详见表4-1，截引点下游最近汇入河流的支沟基本情况见表4-2。

表 4-1　各截引点基本情况

序号	取水点	所在水系	发源地	源头海拔/m	沿线村镇	出口
1	龙潭水库	泾河干流			泾河源镇，以及马庄、河北、十里滩、下九社、沙南等5个村	
2	红家峡	泾河二级支沟	石坎沟	2500	兴盛乡，以及红家峡、西大庄、大寺庄、德成庄、金星、胡果庄、南庄、下金等8个村庄	于下九社入香水河
3	石咀子	策底河干流	老鸦沟	2300	八家人、高家沟、三合庄、赵家川、石咀子、张家台等6个村庄	于董家源入甘肃省境内
4	暖水河	暖水河干流	石渠	2450	暖水、南台、西沟、松树台、米缸、惠台、上窑庄、下窑庄、上刘家庄、下刘家庄、罗家滩、下寺、沙塘川等13个村庄	于沿川子出境进入甘肃省境内
5	白家沟	暖水河一级支流下峡沟	顿家川	2220	顿家川、李家庄、马西坡、白家高庄、下河等5个村庄	于下寺下游2km处入暖水河
6	清水沟	颉河一级支流清水沟	白银寺沟	2300	东山坡、大庄、半个山、太阳洼等4个村庄。在东山坡南侧有一条支沟，主要有祁家沟、五保沟、上海子、下海子等4个小村庄，在太阳洼汇入清水沟	于下清水沟处入颉河

序号	取水点	所在水系	发源地	源头海拔/m	沿线村镇	出口
7	卧羊川	颉河干流	龙王庙沟	2460	棉柳滩、刘家沟、周家沟、黎家磨、什字路（六盘山镇）、卧羊川、三关口、蒿店等8个村庄	于蒿店下游5km处的苋麻湾入甘肃省境内

表4-2　截引点下游最近汇入河流的支沟基本情况

截引点名称	距截引点位置		面积/km²	径流深/mm	多年平均径流量/万 m³
	沟名	位置			
石咀子	新民沟	截引点下游右岸2km	47.5	250	1188
龙潭水库	南沟	截引点下游右岸2km	6.35	220	140
红家峡	新旗	截引点下游右岸2.5km	6.1	250	153
白家沟	石窑沟	截引点下游左岸1.5km	8.6	180	155
暖水河水库	黑眼湾	截引点下游右岸1.2km	1.1	180	20
清水沟	五保沟	截引点下游右岸2km	16	140	224
卧羊川	瓦亭沟	截引点下游左岸4.5km	137	120	1644

（二）资料系列来源及计算说明

1. 资料系列来源

引水区现有泾河源、三关口水文站。其中，泾河源水文站位于泾源县泾河源镇，属黄河流域泾河水系泾河上游控制站，也为六盘山东麓区域代表站；三关口水文站位于泾源县六盘山镇三关口村，属黄河流域泾河水系一级支流颉河控制站，也是六盘山东侧半湿润石山林区代表站。

径流选用泾河源水文站为泾河干流、策底河区域代表站，三关口水文站为暖水河、颉河区域代表站，两代表站下垫面条件与相应流域相近，具有代表性。资料不足的年份采用降水径流相关法插补，两站资料均插补到 1956 年。

点绘三关口、泾河源水文站年降水与天然径流关系曲线，各站点据基本在关系线两侧分布，没有出现点据向一侧明显偏离，说明代表站以上区域年降水与天然径流相关关系较好，径流插补成果比较可靠。由三关口、泾河源水文站长系列径流模比系数差积曲线可知，各站 1956—2008 年系列为一个完整的丰、平、枯水变化周期，具有较好的代表性；2000 年以后代表站持续偏枯，1956—2000 年的枯水年不够完整；1979—2008 年系列中，三关口水文站仅有平、枯变化，泾河源水文站仅有丰、枯变化，代表性不好。因此，本次影响分析采用 1956—2008 年资料系列。

2. 资料系列计算说明

截引区共有 7 个设计断面，均不存在实际的监测断面和监测资料，故无法按照常规预测方法对各截引点所在截引支沟的流速、水位等因子进行影响预测分析。此外，将计算得到的各截引点的径流量换算成流量后，数值很小，计算误差较大，小数点的保留位数不同也可能会对预测结果造成很大影响，而对各截引点径流量分析的结果和流量分析的结果在影响预测的结论上是完全一致的，故本次影响预测主要以径流量代替流量进行水文情势影响分析。

三、泾河干流水文情势影响分析

（一）泾河干流各截引点水文情势影响分析

泾源县泾河干流及其支沟由南到北共布设龙潭水库和红家峡 2 个截引点。其中，不同典型年条件下泾河干流水系各截引点截引水量影响分析结果见表 4-3，各截引点下游水量减少比例分析结果见表 4-4。

表 4-3　泾河干流水系各截引点截引水量影响分析结果

截引点	典型年	全年比例/%	最大月影响比例		最小月影响比例	
			最大值/%	对应月份	最小值/%	对应月份
龙潭水库	多年平均	47.97	72.61	4	35.06	7
	$P=20\%$	45.43	85.74	11	20.79	8
	$P=50\%$	54.77	82.99	9	25.79	7
	$P=75\%$	60.68	72.72	8	51.70	2
	$P=95\%$	62.25	74.47	10	39.82	9
红家峡	多年平均	42.12	68.48	12	29.94	7
	$P=20\%$	39.68	78.87	12	0	2
	$P=50\%$	43.76	69.11	9	20.16	7
	$P=75\%$	44.83	61.61	11	13.41	10
	$P=95\%$	41.15	60.37	11	6.31	9
泾河干流	多年平均	47.31	71.68	4	34.48	7
	$P=20\%$	44.77	84.52	12	21.57	8
	$P=50\%$	53.53	81.43	9	25.15	7
	$P=75\%$	58.91	70.19	8	49.08	10
	$P=95\%$	59.93	71.60	10	36.12	9

表 4-4　泾河干流水系各截引点下游水量减少比例分析结果

截引点	典型年	全年比例/%	最大月影响比例		最小月影响比例	
			最大值/%	对应月份	最小值/%	对应月份
龙潭水库	多年平均	51.94	73.71	4	38.36	7
	$P=20\%$	48.38	86.80	11	22.22	8
	$P=50\%$	59.27	90.28	9	27.54	7
	$P=75\%$	66.98	84.41	8	55.28	2
	$P=95\%$	72.75	85.41	10	58.22	3

续表

截引点	典型年	全年比例/%	最大月影响比例		最小月影响比例	
			最大值/%	对应月份	最小值/%	对应月份
红家峡	多年平均	54.43	76.63	12	39.29	7
	$P=20\%$	48.68	85.05	12	0	2
	$P=50\%$	57.63	90.24	9	25.06	7
	$P=75\%$	64.60	84.24	8	54.84	2
	$P=95\%$	71.22	80.78	10	57.03	3
泾河干流	多年平均	52.22	73.42	4	38.46	7
	$P=20\%$	48.41	86.15	12	23.33	8
	$P=50\%$	59.08	90.27	9	27.26	7
	$P=75\%$	66.71	84.39	8	55.23	2
	$P=95\%$	72.58	84.90	10	58.09	3

由表4-3、表4-4可知，不同典型年条件下，泾河干流各截引点逐月水量截引比例范围为21.57%～84.52%，逐月水量减少比例范围为23.33%～90.27%。其中：

（1）龙潭水库截引点逐月水量截引比例范围为20.79%～85.74%，逐月水量减少比例范围为22.22%～90.28%。红家峡截引点逐月水量截引比例范围为0～78.87%，逐月水量减少比例范围为0～90.24%。

（2）泾河干流及其支沟上各截引点水量减少比例均大于甚至远远大于该截引点的水量截引比例，这是因为河道内水量的减少，一部分是由于本工程引起的，另一部分则是由于在下泄水量中已经扣除了当地河道外需水量。

（3）在龙潭水库截引点下游2km、红家峡截引点下游2.5km处，分别存在着南沟、上黄林寨沟、新旗等支流，多年平均月均径流量分别为11.67万m^3、4.75万m^3、12.75万m^3，沿途支流水量的陆续汇入，对下游河道水量的补充起着重要作用，也会在一定程度上降低上游引水对下游河道的水文情势影响。

总体来看，不同典型年条件下，工程截引并扣除河道外需水量后，泾河干流及其支沟上各截引点下泄水量过程和天然来水过程的变化趋势基本一致。其中，水量变化比例较小的月份集中在7—8月，9—12月的引水比例明显偏大，水文情势影响程度较大。此外，由于泾河干流各截引点下游支流水量的持续汇入，下游河道的水文情势影响将会逐渐减少。

（二）泾河干流省界断面水文情势影响分析

泾河干流出境断面年引水比例分析见表4-5；不同来水频率条件下，泾河干流出境断面逐月引水比例分析结果详见表4-6。

由表4-5、表4-6可知：多年平均条件下，泾河干流出境（宁甘省界）断面水量约为10491万 m^3，本工程截引比例为20.67%，出境断面引水比例达到31.63%；20%、50%、75%及95%来水频率下，本工程截引比例分别为19.86%、23.17%、24.86%和23.96%，出境断面引水比例分别为28.09%、34.85%、40.83%和50.38%。

表4-5　不同典型年条件下泾河干流出境断面引水比例分析　　　单位:%

序号	典型年	截引比例	宁夏用水比例	下泄比例
1	多年平均	20.67	31.63	68.37
2	$P=20\%$	19.86	28.09	71.91
3	$P=50\%$	23.17	34.85	65.15
4	$P=75\%$	24.86	40.83	59.17
5	$P=95\%$	23.96	50.38	49.62

表 4-6 不同来水频率条件下泾河干流出境断面逐月引水比例分析结果 单位:%

序号	来水频率	月份	截引比例	宁夏用水比例	下泄比例
1	多年平均	1	20.67	37.42	62.58
		2	17.54	35.13	64.87
		3	17.78	34.25	65.75
		4	29.22	41.37	58.63
		5	27.82	44.97	55.03
		6	28.99	47.54	52.46
		7	22.05	31.55	68.45
		8	18.97	26.59	73.41
		9	16.39	23.13	76.87
		10	15.69	25.85	74.15
		11	21.73	30.20	69.80
		12	23.05	36.47	63.53
		合计	20.67	31.63	68.37
2	$P = 20\%$	1	15.72	45.30	54.70
		2	10.46	28.83	71.17
		3	16.77	36.56	63.44
		4	53.10	70.03	29.97
		5	34.16	72.21	27.79
		6	28.38	56.61	43.39
		7	25.40	34.51	65.49
		8	11.76	15.23	84.77
		9	14.62	17.60	82.40
		10	22.76	32.16	67.84
		11	35.19	44.09	55.91
		12	43.40	55.51	44.48
		合计	19.86	28.09	71.91

序号	来水频率	月份	截引比例	宁夏用水比例	下泄比例
3	$P=50\%$	1	44.72	66.84	33.16
		2	33.14	58.83	41.17
		3	30.46	57.47	42.53
		4	18.77	28.99	71.01
		5	10.23	18.01	81.99
		6	11.48	23.59	76.41
		7	63.85	83.52	16.48
		8	59.65	77.50	22.49
		9	22.76	31.73	68.27
		10	14.99	23.47	76.53
		11	13.69	21.00	79.00
		12	13.27	24.20	75.80
		合计	23.17	34.85	65.15
4	$P=75\%$	1	22.52	45.36	54.64
		2	15.20	38.42	61.58
		3	16.83	38.77	61.22
		4	16.08	27.36	72.64
		5	48.99	76.95	23.05
		6	19.33	30.31	69.69
		7	47.92	58.45	41.55
		8	25.49	44.20	55.80
		9	18.38	41.16	58.84
		10	9.86	27.48	72.52
		11	15.06	24.92	75.08
		12	19.32	37.93	62.07
		合计	24.86	40.83	59.17
5	$P=95\%$	1	29.08	58.87	41.13
		2	27.71	55.56	44.44
		3	20.14	47.20	52.80
		4	16.93	34.86	65.14
		5	25.81	58.23	41.77
		6	18.46	34.37	65.63
		7	17.90	42.23	57.77
		8	18.94	52.49	47.51
		9	11.26	49.22	50.78
		10	46.00	77.04	22.96
		11	37.82	63.19	36.81
		12	31.58	60.56	39.43
		合计	23.96	50.38	49.62

四、策底河水文情势影响分析

（一）策底河截引点水文情势影响分析

策底河干流设有石咀子 1 个截引点，故将石咀子截引点作为策底河的代表断面进行水文情势影响分析。不同典型年条件下策底河石咀子截引点逐月水量截引比例及水量减少比例分析结果见表 4-7和表 4-8。

表 4-7　不同典型年条件下策底河石咀子截引点逐月水量截引比例分析结果

截引点	典型年	全年比例 /%	最大月影响比例		最小月影响比例	
			最大值/%	对应月份	最小值/%	对应月份
石咀子	多年平均	25.15	55.96	2	15.59	10
	$P=20\%$	16.79	67.49	5	0	9－12
	$P=50\%$	43.66	76.47	1	14.34	7
	$P=75\%$	48.01	74.58	8	30.93	7
	$P=95\%$	32.42	38.90	11	25.43	9

表 4-8　不同典型年条件下策底河石咀子截引点逐月水量减少比例分析结果

截引点	典型年	全年比例 /%	最大月影响比例		最小月影响比例	
			最大值/%	对应月份	最小值/%	对应月份
石咀子	多年平均	28.12	56.95	2	18.87	8
	$P=20\%$	18.98	77.62	5	0.97	10
	$P=50\%$	47.02	80.24	9	15.63	7
	$P=75\%$	52.73	83.13	8	32.97	7
	$P=95\%$	40.29	47.49	7	33.39	3

由表 4-7 和表 4-8 可以看出：

（1）不同典型年条件下，石咀子截引点年水量截引比例为

16.79% ~ 48.01%，逐月水量截引比例为 0 ~ 76.47%；石咀子截引点年水量减少比例为 18.98% ~ 52.73%，逐月水量减少比例为0.97% ~ 83.13%。

（2）石咀子截引点下游水量的减少，除本工程截引外，还有当地河道外需水量的影响，因此河道水量减少比例均大于该截引点的水量截引比例。

（3）在石咀子截引点下游 2km 处，仍有新民沟等支流沿途陆续汇入，多年平均月均径流量为 99.0 万 m^3，将大大降低对截引点下游河道的水文情势影响。

总体来看，策底河石咀子截引点遵循了"丰增枯减"的原则，7－8 月丰水期引水比例较高，10－12 月枯水期引水比例较小。此外，由于石咀子截引点下游 2km 处支流水量的大量汇入，上游工程引水不会对该支流下游河道水文情势造成大的影响。

（二）策底河省界断面水文情势影响分析

不同典型年条件下策底河出境断面引水比例分析结果见表4-9，不同来水频率条件下策底河出境断面逐月引水比例分析结果详见表4-10。

由表4-9 和表4-10 可知：多年平均条件下，策底河出境（宁甘省界）断面年水量约为2568 万 m^3，策底河拟引水量为480.61 万 m^3，计入河道外需水量为59.81 万 m^3，本工程截引比例为 18.72%，出境断面引水比例达到21.04%；20%、50%、75%及95%来水频率下，本工程截引比例分别为 12.50%、32.48%、35.73%和24.12%，出境断面引水比例分别为 14.22%、34.99%、39.24%和30.23%。

表 4-9 不同典型年条件下策底河出境断面引水比例分析结果 单位:%

序号	典型年	截引比例	宁夏用水比例	下泄比例
1	多年平均	18.72	21.04	78.96
2	$P=20\%$	12.50	14.22	85.78
3	$P=50\%$	32.48	34.99	65.01
4	$P=75\%$	35.73	39.24	60.76
5	$P=95\%$	24.12	30.23	69.77

表 4-10 不同来水频率条件下策底河出境断面逐月引水比例分析结果 单位:%

来水频率	月份	截引比例	宁夏用水比例	下泄比例
多年平均	1	39.32	40.99	59.01
	2	39.87	41.77	58.23
	3	39.90	41.74	58.26
	4	39.10	40.06	59.94
	5	25.40	29.43	70.57
	6	21.36	25.30	74.70
	7	12.31	14.15	85.85
	8	12.00	14.07	85.93
	9	13.21	15.45	84.55
	10	11.67	14.83	85.17
	11	25.00	25.81	74.19
	12	25.45	26.71	73.29
	合计	18.72	21.04	78.96
$P=20\%$	1	36.61	39.38	60.62
	2	38.00	40.62	59.41
	3	43.63	45.73	54.27
	4	43.53	44.28	55.72
	5	50.23	59.21	40.79
	6	45.59	54.73	45.27
	7	21.64	23.37	76.63
	8	9.29	10.07	89.93
	9	0	1.13	98.87
	10	0	3.66	96.34
	11	0	0.73	99.27
	12	0	0.75	99.25
	合计	12.50	14.22	85.78

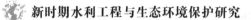

续表

来水频率	月份	截引比例	宁夏用水比例	下泄比例
P = 50%	1	56.90	58.09	41.91
	2	50.33	51.98	48.03
	3	48.11	49.92	50.08
	4	53.89	55.18	44.82
	5	40.43	46.50	53.50
	6	50.75	58.84	41.16
	7	10.67	11.63	88.37
	8	40.62	43.54	56.46
	9	55.74	59.70	40.30
	10	31.46	35.88	64.12
	11	55.85	57.12	42.88
	12	49.34	51.05	48.95
	合计	32.48	34.99	65.01
P = 75%	1	52.69	54.93	45.07
	2	32.81	34.88	65.13
	3	35.46	37.38	62.62
	4	29.51	30.39	69.61
	5	50.71	57.71	42.29
	6	14.81	16.61	83.39
	7	52.43	55.88	44.12
	8	63.05	70.28	29.72
	9	46.35	54.73	45.27
	10	31.71	39.53	60.47
	11	38.92	39.99	60.01
	12	31.24	32.51	67.49
	合计	35.73	39.24	60.76
P = 95%	1	25.18	27.13	72.87
	2	25.35	27.29	72.72
	3	22.57	24.85	75.15
	4	24.86	26.85	73.13
	5	24.81	33.99	66.02
	6	19.75	26.34	73.66
	7	25.79	35.33	64.67
	8	23.97	34.89	65.11
	9	18.92	33.93	66.07
	10	24.51	30.47	69.53
	11	28.95	30.43	69.57
	12	26.19	28.03	71.98
	合计	24.12	30.23	69.77

五、暖水河水文情势影响分析

(一)暖水河各截引点水文情势影响分析

1. 暖水河水库蓄水初期

在暖水河水库蓄水期,库区水位逐渐抬升,水库水深从坝前至库尾均有不同程度的增加,水库正常蓄水位为 1838.60m,设计淤积面高程为 1822.00m,水位变幅为 16.60m;水库蓄水期库区水流流速减缓,库区水面面积增加,水面增发加剧,同时由于库区水位升高,库区周边地下水位也会相应抬高。

2. 暖水河水库运行期

暖水河包括暖水河水库和白家沟 2 处截引工程,其中白家沟可利用量已扣除东山坡引水工程引水量。不同典型年条件下暖水河各截引点水量逐月截引比例及水量减少比例分析结果见表 4-11 和表 4-12;白家沟(东山坡)各典型年逐月水量分析结果见表 4-13。

表 4-11 暖水河各截引点水量逐月截引比例分析结果

截引点	典型年	全年比例/%	最大月影响比例		最小月影响比例	
			最大值/%	对应月份	最小值/%	对应月份
暖水河截引点	多年平均	65.91	84.12	12	47.37	9
	$P=20\%$	76.35	92.10	11	57.65	6
	$P=50\%$	74.82	92.35	11	54.16	1
	$P=75\%$	69.33	84.55	11	55.32	8
	$P=95\%$	61.88	74.89	9	44.68	5
白家沟	多年平均	26.68	42.03	3	15.58	9
	$P=20\%$	28.62	44.70	4	20.71	9
	$P=50\%$	24.69	40.09	12	16.65	10
	$P=75\%$	31.19	48.03	11	17.54	8
	$P=95\%$	22.68	36.42	11	4.41	5

截引点	典型年	全年比例/%	最大月影响比例		最小月影响比例	
			最大值/%	对应月份	最小值/%	对应月份
暖水河	多年平均	55.90	72.32	3	39.25	9
	$P=20\%$	64.16	76.98	11	48.86	6
	$P=50\%$	62.01	77.24	12	44.70	1
	$P=75\%$	59.60	75.23	11	45.68	8
	$P=95\%$	51.87	64.55	9	34.39	5

表 4-12　暖水河各截引点水量逐月减少比例分析结果

截引点	典型年	全年比例/%	最大月影响比例		最小月影响比例	
			最大值/%	对应月份	最小值/%	对应月份
暖水河截引点	多年平均	68.94	85.85	12	49.53	9
	$P=20\%$	78.56	93.00	11	60.26	6
	$P=50\%$	78.12	93.23	11	59.40	1
	$P=75\%$	74.05	87.18	9	58.08	8
	$P=95\%$	70.49	82.98	9	62.47	5
白家沟	多年平均	57.87	80.56	3	35.44	9
	$P=20\%$	60.80	82.90	1	47.74	9
	$P=50\%$	58.76	77.63	12	42.67	10
	$P=75\%$	69.43	86.16	11	40.67	8
	$P=95\%$	71.19	82.70	9	62.50	5
暖水河	多年平均	66.12	83.63	3	45.93	9
	$P=20\%$	74.03	87.31	12	57.56	6
	$P=50\%$	73.17	87.68	12	59.40	1
	$P=75\%$	72.87	86.27	11	53.64	8
	$P=95\%$	70.67	82.91	9	62.48	5

由表4-11和表4-12可以看出，在不同典型年条件下，暖水河年截引比例为 51.87% ~ 64.16%，逐月水量截引比例为 34.39% ~

77.24%，逐月水量减少比例范围为45.93%~87.68%。其中：

（1）暖水河截引点逐月水量截引比例为44.68%~92.35%，逐月水量减少比例范围在49.53%~93.23%；暖水河截引点的水量减少比例均大于该截引点的水量截引比例。因为暖水河截引点下游河道内水量的减少，一部分是由于本工程引起的，另一部分则是由于在下泄水量中已经扣除了当地河道外需水量。

（2）白家沟截引点逐月水量截引比例为4.41%~48.03%，逐月水量减少比例范围在35.44%~86.16%；白家沟截引点的水量减少比例远远大于该截引点的水量截引比例。因为白家沟截引点的下泄水量，不仅扣除了本工程截引水量、当地河道外需水量，还扣除了上游东山坡引水工程在该截引点的相应引水量。其中，不同典型年条件下东山坡年均引水比例占到白家沟截引点对应典型年天然来水量的27.01%~36.76%。

（3）在暖水河水库截引点、白家沟截引点下游0.5~2.5km处，分别有石窑沟、黑眼湾等支流沿途陆续汇入，月均总径流量约14.58万m³，将有效降低对截引点下游河道的水文情势影响。

总体来看，东山坡工程的引水量和白家沟截引点的截引水量基本相当；暖水河及其支沟上各截引点，水量变化比例较小的月份集中在5月、6月、8月，枯水期11月、12月的引水比例明显偏大，水文情势影响程度较大，考虑暖水河及其支沟上各截引点下游支流水量的陆续汇入，对截引点下游河道的水文情势影响将会有所减小。

（二）暖水河出境（宁甘省界）断面水文情势影响分析

暖水河出境断面引水比例分析结果见表4-14；不同来水频率条件下，暖水河出境断面逐月引水比例分析结果详见表4-15。

表 4-13 白家沟（东山坡）各典型年逐月水量分析结果

单位：%

典型年	项目		1月	2月	3月	4月	5月	6月	7月	8月	9月	10月	11月	12月	全年
多年平均	东山坡本工程	引水比例	35.49	35.70	35.88	32.97	32.48	31.11	25.93	20.11	16.76	25.11	31.76	34.54	26.91
		截引比例	38.61	40.72	42.03	37.90	29.50	28.05	24.06	19.12	15.58	20.23	33.36	36.31	26.68
	河道内	减少比例	77.10	79.31	80.56	73.51	72.66	68.89	56.03	43.42	35.44	49.93	66.85	73.24	57.87
P=20%	东山坡本工程	引水比例	36.12	36.15	33.95	35.79	26.68	22.77	26.52	23.79	23.94	33.18	34.49	36.13	29.06
		截引比例	43.89	41.75	39.72	44.70	25.20	23.20	26.11	23.50	20.71	24.77	31.70	35.95	28.62
	河道内	减少比例	82.90	81.17	75.38	82.76	55.85	49.69	56.73	50.82	47.74	62.39	67.42	73.45	60.80
P=50%	东山坡本工程	引水比例	35.28	36.04	36.02	35.98	36.02	36.01	33.67	27.55	23.36	23.05	35.35	36.01	29.42
		截引比例	17.11	20.88	22.67	23.36	21.79	18.10	31.38	28.49	20.13	16.65	30.64	40.09	24.69
	河道内	减少比例	59.42	63.30	64.79	65.42	74.84	72.67	75.60	60.91	46.50	42.67	67.15	77.63	58.76
P=75%	东山坡本工程	引水比例	35.76	35.74	35.76	35.75	35.76	35.76	35.51	19.16	35.53	32.09	35.77	35.74	31.57
		截引比例	28.87	39.61	43.55	38.56	22.73	26.59	31.29	17.54	38.13	29.29	48.03	30.58	31.19
	河道内	减少比例	69.85	79.06	82.32	78.09	75.24	77.58	78.14	40.67	82.32	69.60	86.16	71.29	69.43
P=95%	东山坡本工程	引水比例	36.74	36.71	36.71	36.75	32.72	35.02	36.79	36.73	36.78	36.78	36.81	36.76	36.39
		截引比例	25.03	21.14	24.18	21.84	4.41	6.49	13.01	18.19	34.43	24.88	36.42	23.13	22.68
	河道内	减少比例	67.41	64.20	66.67	64.68	62.50	65.09	70.06	73.11	82.70	75.66	77.16	65.81	71.19

表4-14 不同典型年条件下暖水河出境断面引水比例分析结果 单位:%

序号	典型年	截引比例	宁夏用水比例	下泄比例
1	多年平均	26.80	31.71	68.29
2	$P = 20\%$	30.61	35.32	64.68
3	$P = 50\%$	29.84	35.21	64.79
4	$P = 75\%$	28.93	35.37	64.63
5	$P = 95\%$	25.63	34.92	65.08

注:暖水河上本项目截引点为暖水河和白家沟,东山坡截引点为顿家川。

表4-15 不同来水频率条件下暖水河出境断面逐月引水比例分析结果 单位:%

来水频率	月份	本项目		东山坡截引比例	下泄比例
		截引比例	宁夏用水比例		
多年平均	1	33.54	34.69	4.36	60.95
	2	34.11	35.21	4.39	60.40
	3	34.68	35.70	4.39	59.90
	4	31.46	32.49	4.04	63.47
	5	28.61	32.57	4.01	63.41
	6	28.24	31.87	3.85	64.28
	7	26.37	28.62	3.18	68.20
	8	21.53	23.09	2.47	74.44
	9	18.82	19.97	2.05	77.98
	10	23.52	25.24	3.08	71.68
	11	33.92	34.59	3.89	61.52
	12	34.48	35.39	4.25	60.36
	合计	26.80	28.41	3.30	68.29
$P = 20\%$	1	34.31	35.41	4.40	60.19
	2	33.06	34.32	4.40	61.27
	3	36.02	36.68	4.14	59.19
	4	35.58	36.48	4.36	59.16
	5	30.67	32.15	3.25	64.60
	6	23.31	24.69	2.77	72.54
	7	28.13	29.65	3.23	67.12
	8	27.26	28.58	2.90	68.52
	9	28.32	29.47	2.92	67.61
	10	30.41	32.05	4.04	63.91
	11	36.59	37.05	4.20	58.75
	12	36.72	37.26	4.40	58.34
	合计	30.61	31.78	3.54	64.68

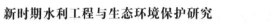
来水频率	月份	本项目		东山坡截引比例	下泄比例
		截引比例	宁夏用水比例		
P = 50%	1	21.51	24.25	4.34	71.40
	2	23.52	26.01	4.43	69.58
	3	24.35	26.74	4.43	68.84
	4	24.69	27.03	4.43	68.54
	5	25.20	31.58	4.43	63.99
	6	23.59	30.53	4.43	65.05
	7	29.99	33.93	4.14	61.93
	8	30.02	31.85	3.39	64.76
	9	30.54	31.67	2.87	65.46
	10	25.65	26.77	2.83	70.40
	11	36.84	37.30	4.35	58.35
	12	37.16	37.76	4.43	57.81
	合计	29.84	31.59	3.62	64.79
P = 75%	1	27.44	29.49	4.43	66.08
	2	32.51	33.94	4.43	61.64
	3	34.46	35.64	4.43	59.93
	4	31.99	33.48	4.43	62.09
	5	25.78	32.10	4.43	63.47
	6	27.50	33.22	4.43	62.34
	7	31.10	35.37	4.40	60.22
	8	22.17	23.67	2.37	73.96
	9	34.04	37.31	4.40	58.28
	10	25.95	29.04	3.98	66.98
	11	36.51	37.45	4.43	58.13
	12	28.23	30.20	4.43	65.38
	合计	28.93	31.46	3.91	64.63
P = 95%	1	26.40	28.66	4.64	66.70
	2	24.57	27.06	4.63	68.31
	3	25.98	28.29	4.64	67.06
	4	24.85	27.31	4.64	68.05
	5	16.99	26.76	4.13	69.13
	6	18.65	27.73	4.42	67.86
	7	22.19	29.98	4.64	65.39
	8	24.49	31.49	4.64	63.87
	9	31.89	36.33	4.64	59.03
	10	25.14	30.52	4.64	64.84
	11	31.90	33.49	4.65	61.88
	12	25.50	27.87	4.64	67.49
	合计	25.63	30.33	4.59	65.08

由表4-14和表4-15可知：多年平均条件下，暖水河出境断面年水量约为 2941 万 m³，暖水河拟引水量 788.14 万 m³，截引比例为 26.80%，计入河道外需水量为 47.26 万 m³，东山坡截引水量为 97.18 万 m³，出境断面引水比例达到 31.71%；20%、50%、75% 及 95% 来水频率下，本工程截引比例分别为 30.61%、29.84%、28.93% 和 25.63%，出境断面引水比例分别为 35.32%、35.21%、35.37% 和 34.92%。

六、颉河水文情势影响分析

（一）颉河各截引点水文情势影响分析

颉河干流及其支流包括清水沟和卧羊川两处截引工程，其中可利用量均已扣除上游东山坡引水工程引水量。不同典型年条件下颉河水系各截引点水量逐月截引比例分析及减少比例分析见表4-16 和表4-17；清水沟（东山坡）、卧羊川（东山坡）各典型年逐月水量分析结果详见表4-18 和表4-19。

表 4-16　颉河水系各截引点水量逐月截引比例分析

截引点	典型年	全年比例 /%	最大月影响比例		最小月影响比例	
			最大值/%	对应月份	最小值/%	对应月份
清水沟	多年平均	32.79	41.14	11	24.19	5
	P=20%	39.35	51.81	9	22.84	2
	P=50%	41.55	61.30	9	2.80	2
	P=75%	25.74	42.43	8	9.77	1
	P=95%	7.13	17.21	9	1.14	5
卧羊川	多年平均	29.35	40.89	6	7.86	4
	P=20%	33.81	44.93	9	2.44	1
	P=50%	37.18	50.75	9	0	1—4
	P=75%	25.86	48.47	9	0	1、4、12
	P=95%	13.62	43.04	9	0	1、2、3、11、12

续表

截引点	典型年	全年比例/%	最大月影响比例		最小月影响比例	
			最大值/%	对应月份	最小值/%	对应月份
颉河	多年平均	31.00	38.21	7	16.11	4
	$P=20\%$	36.47	48.23	9	12.22	2
	$P=50\%$	39.27	55.81	9	1.35	2
	$P=75\%$	25.80	41.43	8	4.69	1
	$P=95\%$	10.51	30.67	9	0.84	3

由表 4-16 ~ 表 4-19 可以看出，在不同典型年条件下，颉河年水量截引比例为 10.51% ~ 39.27%，逐月水量截引比例为 0.84% ~ 55.81%，逐月水量减少比例范围为 59.26% ~ 94.65%。其中：

（1）清水沟、卧羊川截引点的水量减少比例远远大于该截引点的水量截引比例。因为在清水沟、卧羊川截引点的下泄水量中，不仅扣除了本工程截引水量、当地河道外需水量，还扣除了上游东山坡引水工程在该截引点的相应引水量。本工程截引水量远远小于上游东山坡工程引水量和当地需水量之和。

表 4-17　颉河水系各截引点水量逐月减少比例分析

截引点	典型年	全年比例/%	最大月影响比例		最小月影响比例	
			最大值/%	对应月份	最小值/%	对应月份
清水沟	多年平均	75.36	89.44	11	60.10	9
	$P=20\%$	83.28	93.04	11	62.03	6
	$P=50\%$	86.72	94.52	9	59.28	1
	$P=75\%$	78.45	87.04	9	69.57	1
	$P=95\%$	70.57	82.46	9	61.33	5
卧羊川	多年平均	75.95	89.56	11	61.53	9
	$P=20\%$	83.56	93.03	11	62.33	6
	$P=50\%$	87.17	94.78	9	59.23	1
	$P=75\%$	78.43	87.01	9	69.49	1
	$P=95\%$	70.21	82.46	9	61.35	5
颉河	多年平均	75.67	89.50	10	60.85	9
	$P=20\%$	83.43	93.03	11	62.19	6
	$P=50\%$	86.96	94.65	9	59.26	1
	$P=75\%$	78.44	87.03	9	69.53	1
	$P=95\%$	70.39	82.46	9	61.34	5

表4-18 清水沟(东山坡)各典型年逐月水量分析结果

单位:%

典型年	项目		1月	2月	3月	4月	5月	6月	7月	8月	9月	10月	11月	12月	全年
多年平均	东山坡本工程	引水比例	55.01	55.75	56.03	51.41	50.42	47.82	38.56	29.68	24.23	36.63	47.39	52.58	40.58
		截引比例	26.43	26.47	27.31	25.06	24.19	27.63	35.61	34.46	34.48	37.73	41.14	32.68	32.79
	河道内	减少比例	82.98	83.69	84.73	77.85	79.41	79.85	76.89	66.03	60.10	76.44	89.44	86.49	75.36
P=20%	东山坡本工程	引水比例	56.72	56.74	51.27	55.62	37.67	33.91	38.76	34.49	32.47	46.32	49.64	55.48	42.49
		截引比例	25.49	22.84	38.11	29.77	46.15	26.45	36.02	46.21	51.81	40.21	42.76	35.92	39.35
	河道内	减少比例	83.70	81.26	90.25	86.62	85.61	62.03	76.63	82.29	85.68	88.51	93.04	92.11	83.28
P=50%	东山坡本工程	引水比例	51.97	56.95	57.06	57.07	56.60	57.06	52.79	41.15	31.85	31.43	48.48	56.42	43.00
		截引比例	3.60	2.80	4.41	5.08	10.44	7.08	26.78	46.64	61.30	54.09	44.11	33.89	41.55
	河道内	减少比例	59.28	63.14	64.65	65.27	74.76	72.56	84.36	90.00	94.52	86.88	93.21	91.11	86.72
P=75%	东山坡本工程	引水比例	57.02	57.04	57.01	57.01	57.01	56.89	55.70	28.17	55.63	50.75	57.02	57.03	49.57
		截引比例	9.77	19.87	23.82	18.83	10.31	13.49	22.17	42.43	27.43	25.00	27.88	11.38	25.74
	河道内	减少比例	69.57	78.82	82.43	77.86	75.00	77.35	83.07	72.41	87.04	79.48	86.16	71.02	78.45
P=95%	东山坡本工程	引水比例	57.96	57.41	59.88	58.50	48.32	51.46	55.71	58.40	59.88	59.87	59.86	58.51	57.62
		截引比例	5.37	2.30	2.65	1.74	1.14	1.46	3.94	5.37	17.21	10.89	14.44	3.07	7.13
	河道内	减少比例	66.40	63.03	65.62	63.57	61.33	63.99	69.13	72.28	82.46	77.29	76.45	64.74	70.57

表4-19　卧羊川(东山坡)各典型年逐月水文情势分析结果

单位:%

典型年		项目	1月	2月	3月	4月	5月	6月	7月	8月	9月	10月	11月	12月	全年
多年平均	东山坡	引水比例	6.20	5.93	5.57	5.59	21.35	19.57	12.13	8.39	6.21	9.22	3.65	4.93	8.66
	本工程	截引比例	10.32	9.03	9.16	7.86	40.65	40.89	40.61	36.00	33.52	37.82	26.73	18.55	29.35
	河道内	减少比例	82.95	83.66	84.70	77.89	79.68	80.16	77.61	67.16	61.53	77.00	89.56	86.46	75.95
P=20%	东山坡	引水比例	74.22	72.01	64.76	72.15	33.99	23.83	30.15	31.89	35.38	41.04	57.10	61.15	43.47
	本工程	截引比例	3.56	2.44	21.95	9.59	44.25	31.10	38.60	44.38	44.93	37.80	33.42	28.09	33.81
	河道内	减少比例	83.69	81.25	90.24	86.61	86.16	62.33	76.94	83.33	86.50	87.67	93.03	92.10	83.56
P=50%	东山坡	引水比例	44.45	49.68	51.78	52.62	11.84	11.43	19.33	30.85	37.96	37.84	56.95	64.99	40.57
	本工程	截引比例	0	0	0	0	28.56	23.81	43.76	50.05	50.75	44.55	33.78	22.89	37.18
	河道内	减少比例	59.23	63.08	64.61	65.23	74.73	72.53	84.34	90.73	94.78	88.37	93.20	91.10	87.17
P=75%	东山坡	引水比例	58.43	69.73	73.39	69.76	11.45	13.65	20.63	25.41	20.92	19.42	74.24	60.42	38.92
	本工程	截引比例	0	1.33	2.61	0	29.50	32.82	39.39	40.50	48.47	40.14	6.86	0	25.86
	河道内	减少比例	69.49	78.77	82.39	77.81	74.94	77.29	83.03	73.99	87.01	76.18	86.13	70.95	78.43
P=95%	东山坡	引水比例	54.21	49.63	53.17	50.34	3.74	7.59	12.23	13.45	15.60	12.52	67.91	51.96	31.30
	本工程	截引比例	0	0	0	0	5.14	7.54	15.01	21.17	43.04	32.45	0	0	13.62
	河道内	减少比例	66.39	63.04	65.63	63.56	61.35	63.99	69.14	72.28	82.46	73.93	76.45	64.74	70.21

（2）在不同典型年条件下，清水沟截引点逐月水量截引比倒为1.14%~61.30%，逐月水量减少比例范围为59.28%~94.52%。其中，东山坡年均引水比例占到清水沟截引点对应典型年天然来水量的40.77%~59.87%。

（3）不同典型年条件下，卧羊川截引点逐月水量截引比例为0~50.75%，逐月水量减少比例范围为59.23%~94.78%。其中，东山坡年均引水比例占到卧羊川截引点对应典型年天然来水量的8.66%~43.70%。

（4）在清水沟截引点下游2km、卧羊川截引点下游4.5km处，分别有五保沟、瓦亭沟等支流沿途陆续汇入，月均径流量分别为18.67万m³和137.0万m³，将大大降低对截引点下游河道的水文情势影响。

总体来看，在不同典型年条件下，上游东山坡工程的引水量均大于清水沟、卧羊川截引点的截引水量；清水沟、卧羊川截引点截引水量变化比例较小的月份集中在1-4月，汛期引水比例较大，符合"丰增枯减"原则，但考虑东山坡引水后，水文情势影响比例明显偏大，但考虑颉河及其支沟上各截引点下游支流水量的大量陆续汇入，上游工程引水对该支流下游河道的水文情势影响不大。

（二）颉河出境（宁甘省界）断面水文情势影响分析

颉河出境断面引水比例分析结果见表4-20；在不同来水频率条件下，颉河出境断面逐月引水比例分析结果见表4-21。由表4-20、表4-21可知，多年平均条件下，颉河出境（宁甘省界）断面水量约为3990万m³，颉河拟引水量为542.98万m³，截引比例为13.61%，计入本项目河道外需水量为95.62万m³、东山坡截引水量为697.99万m³及东山坡河道外需水量为239.25万m³，出境断面引水比例达到39.49%；在20%、50%、75%及95%来水频率下，本工程截引比例分别为16.01%、17.24%、11.33%和4.61%，出境断面引水比例分别为40.98%、44.71%、43.91%和48.43%。

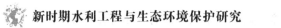

表 4-20　不同典型年条件下颉河出境断面引水比例分析　　　单位:%

序号	典型年	截引比例	宁夏用水比例	下泄比例
1	多年平均	13.61	39.49	60.51
2	$P=20\%$	16.01	40.98	59.02
3	$P=50\%$	17.24	44.71	55.29
4	$P=75\%$	11.33	43.91	56.09
5	$P=95\%$	4.61	48.43	51.57

表 4-21　不同典型年条件下颉河出境断面逐月引水比例分析结果　　单位:%

来水频率	月份	本项目		东山坡工程		下泄比例
		截引比例	宁夏用水比例	截引比例	宁夏用水比例	
多年平均	1	7.92	9.66	27.89	29.12	61.22
	2	7.62	9.29	28.29	29.46	61.25
	3	7.86	9.43	28.45	29.55	61.02
	4	7.08	8.65	26.34	27.44	63.91
	5	14.26	20.11	14.77	32.21	47.68
	6	15.16	20.56	14.80	30.90	48.54
	7	16.79	20.14	13.85	23.85	56.01
	8	15.49	17.80	11.52	18.43	63.77
	9	14.92	16.63	10.09	15.20	68.17
	10	16.58	19.12	14.57	22.15	58.72
	11	14.78	15.80	23.79	24.52	59.68
	12	11.12	12.50	26.21	27.18	60.32
	合计	13.61	16.01	17.49	23.49	60.51
$P=20\%$	1	6.17	7.84	28.91	30.08	62.08
	2	5.36	7.27	28.41	29.75	62.97
	3	13.04	14.03	25.59	26.30	59.67
	4	8.46	9.83	28.20	29.17	61.00
	5	19.83	22.02	15.70	22.22	55.76
	6	12.68	14.72	12.58	18.68	66.60
	7	16.41	18.67	15.05	21.80	59.54
	8	19.87	21.82	14.55	20.37	57.81
	9	21.18	22.88	14.92	20.02	57.10
	10	17.11	19.54	19.13	26.39	54.07
	11	16.64	17.35	23.50	24.00	58.65
	12	13.98	14.79	25.66	26.23	58.99
	合计	16.01	17.75	18.88	23.23	59.02

续表

来水频率	月份	本项目		东山坡工程		下泄比例
		截引比例	宁夏用水比例	截引比例	宁夏用水比例	
P=50%	1	0.76	4.92	21.09	24.03	71.06
	2	0.59	4.36	23.35	26.00	69.63
	3	0.93	4.54	23.84	26.39	69.08
	4	1.07	4.61	24.04	26.54	68.85
	5	8.73	18.20	14.62	42.87	38.94
	6	6.93	17.23	14.62	45.33	37.44
	7	15.64	21.50	15.53	33.03	45.47
	8	21.25	23.97	15.71	23.80	52.23
	9	24.50	26.18	15.38	20.37	53.45
	10	21.57	23.22	15.26	20.19	56.59
	11	17.00	17.70	23.22	23.71	58.59
	12	12.36	13.27	26.73	27.37	59.36
	合计	17.24	19.85	18.32	24.85	55.29
P=75%	1	2.06	5.17	25.36	27.56	67.27
	2	4.50	6.66	27.95	29.47	63.87
	3	5.62	7.41	28.78	30.05	62.54
	4	3.97	6.23	27.96	29.55	64.22
	5	8.91	18.29	14.63	42.64	39.06
	6	10.34	18.85	15.11	40.49	40.67
	7	13.67	20.03	16.45	35.41	44.56
	8	18.20	20.42	11.74	18.38	61.19
	9	16.85	21.72	16.50	31.01	47.26
	10	14.44	19.03	15.13	28.81	52.16
	11	7.44	8.86	28.98	29.98	61.17
	12	2.40	5.36	25.81	27.90	66.74
	合计	11.33	15.11	19.34	28.80	56.09
P=95%	1	1.13	4.56	24.59	27.01	68.43
	2	0.48	4.25	23.42	26.07	69.66
	3	0.56	4.07	24.75	27.22	68.72
	4	0.37	4.09	23.81	26.44	69.48
	5	1.27	14.28	9.88	48.69	37.02
	6	1.83	14.00	11.32	47.60	38.40
	7	4.26	15.83	14.51	49.03	35.14
	8	5.98	16.37	15.36	46.36	37.28
	9	15.07	22.44	18.09	40.06	37.50
	10	9.70	17.70	15.46	39.31	42.98
	11	3.04	5.44	28.11	29.82	64.75
	12	0.64	4.24	24.18	26.72	69.04
	合计	4.61	11.62	19.28	36.81	51.57

（三）颉河下游引水工程水文情势影响分析

本项目的截引点设在颉河上游的清水沟支流及颉河干流卧羊川处，截引点以下甘肃省境内现有农村生活供水工程三处，年设计供水量为107.27万 m³，均以颉河河谷浅层地下水为水源；引颉河地表水灌溉面积1.78万亩，年供水量为511.6万 m³（$P=50\%$）。该部分只着重分析工程引水对颉河下游灌区引水口的影响。

颉河灌区引水口位于颉河干流省界断面下游约2.5km，保证率$P=50\%$的年引水量为511.6万 m³；颉河宁甘省界断面以上集水面积285平方km，50%保证率下的年径流量为3663万 m³；宁夏境内当地用水量为1033万 m³（包括东山坡引水的937万 m³），上游本工程50%保证率下的年引水量为631.53万 m³。颉河灌区引水口水量影响分析见表4-22。

表4-22　$P=50\%$典型年条件下颉河灌区引水口水量影响分析

上游本工程引水量/万 m³	631.53
上游宁夏境内当地用水量（包括东山坡引水937万 m³）/万 m³	1033
颉河宁甘省界断面天然年径流量/万 m³	3663
颉河灌区年引水量/万 m³	511.6
上游本工程引水量占颉河宁甘省界断面天然径流量的比例/%	17.24
颉河灌区年引水量占颉河宁甘省界断面天然径流量的比例/%	13.97
颉河灌区年引水量占本工程引水后宁甘省界断面径流量的比例/%	16.88
颉河灌区年引水量占本工程引水并扣除宁夏当地用水量后宁甘省界断面径流量的比例/%	25.60

由表4-22可知，在50%保证率典型年条件下，仅考虑上游本工程引水后颉河省界断面径流量为3031.47万 m³，在考虑本工程引水并扣除宁夏境内当地用水后省界断面的径流量为1998.47万 m³，颉河灌区年引水量占颉河宁甘省界断面天然径流量的13.97%，占本工程引水后宁甘省界断面径流量的16.88%，占本工程引水并扣除宁夏境内当

地用水量后宁甘省界断面径流量的 25.60%。

在 50% 保证率典型年条件下，颉河灌区引水口断面以上水量由于本工程引水将会相应减少 631.53 万 m^3，占颉河宁甘省界断面天然年径流量的 17.24%，剩余水量完全能够满足灌区引水需要。因此，宁夏工程引水对颉河灌区的影响不大。

七、水文情势影响分析小结

（一）泾河

1. 截引点

在不同典型水条件下，泾河干流龙潭水库和红家峡截引点逐月水量截引比例为 21.57% ~ 84.52%，逐月水量减少比例为 23.33% ~ 90.27%；在不同典型年来水条件下，工程截引并扣除河道外需水量后，泾河干流及其支沟上各截引点下泄水量过程和天然来水过程的变化趋势基本一致。其中，水量变化比例较小的月份集中在 7 – 8 月，9 – 12 月的引水比例明显偏大，水文情势影响程度较大，而泾河干流各截引点下游支流水量的沿途汇入，将会有效减少对截引点下游河道水文情势的影响。

2. 出境断面

在多年平均条件下，泾河干流拟引水量为 2168.49 万 m^3，本工程截引比例为 20.67%，出境断面引水比例达到 31.63%；在不同典型年来水条件下，本工程的截引比例为 19.86% ~ 24.86%，出境断面引水比例达到 28.09% ~ 50.38%。

3. 下游崆峒水库

在不同典型年条件下，截引水量占崆峒水库天然入库年径流量的比例为 17.49% ~ 21.91%，仅工程本身而言，不会对崆峒水库水文情势造成大的影响；扣除宁夏总用水量后，崆峒水库入流量占天然年径流量的比例为 58.10% ~ 75.26%，通过在其上游修建补偿调节水库，能够有效削减本工程及宁夏当地用水对下游崆峒水库的影响。

（二）策底河

1. 截引点

在不同典型年来水条件下，石咀子截引点逐月水量截引比例为 0～76.47%，逐月水量减少比例为 0.97%～83.13%。总体来看，策底河石咀子截引点遵循了"丰增枯减"的原则，7－8月丰水期引水比例较高，10－12月枯水期引水比例较小。此外，由于石咀子截引点下游 2km 处支流水量的大量汇入，上游工程引水不会对该支流下游河道水文情势造成大的影响。

2. 省界断面

在多年平均条件下，策底河出境（宁甘省界）断面年水量约为 2568 万 m³，策底河拟引水量 480.61 万 m³，本工程截引比例为 18.72%，出境断面引水比例达到 21.04%；在不同典型年来水条件下，本工程的截引比例为 12.50%～35.73%，出境断面引水比例达到 14.22%～39.24%。

3. 下游石堡子水库

在不同典型年来水条件下，石咀子截引点截引水量占坝址上游对应典型年来水量的比例为 8.23%～19.32%，特枯年份调水过程经过优化后，剩余水量已经能够完全满足石堡子水库的供水要求。因此研究认为，宁夏工程引水对下游石堡子水库的影响不大。

（三）暖水河

1. 截引点

在不同典型年来水条件下，暖水河水库和白家沟截引点逐月水量截引比例为 4.41%～92.35%，逐月水量减少比例为 35.44%～93.23%。其中，白家沟截引点的下泄水量，不仅扣除了本工程截引水量和当地河道外需水量，还扣除了上游东山坡引水工程在该截引点的相应引水量。在不同典型年来水条件下，东山坡年均引水比例占到白家沟截引点对应典型年天然来水量的 27.01% ~ 36.76%。

整体来看，东山坡工程的引水量和白家沟截引点的截引水量基本相当；暖水河及其支沟上截引点水量变化比例较小的月份集中在 5 月、6 月、8 月，枯水期 11 月、12 月的引水比例明显偏大，水文情势影响程度较大，考虑暖水河及其支沟上各截引点下游支流水量的陆续汇入，对截引点下游河道的水文情势影响将会有所减小。

2. 出境断面

在多年平均条件下，暖水河出境（宁甘省界）断面年水量约为 2941 万 m^3，暖水河拟引水量为 788.14 万 m^3，本工程截引比例为 26.80%，出境断面引水比例达到 31.71%；在不同典型年来水条件下，本工程的截引比例为 25.63% ~ 30.61%，出境断面引水比例为 34.92% ~ 35.37%。

3. 下游后峡引水工程

在 50% 保证率典型年来水条件下，暖水河后峡引水工程引水 15 断面以上水量由于本工程引水将会相应减少 805.53 万 m^3，占暖水河宁甘省界断面天然径流量的 29.83%，剩余水量完全能够满足后峡引水需要。因此，上游本工程引水对后峡引水工程的影响不大。

（四）颉河

1. 截引点

在不同条件下，清水沟和卧羊川截引点逐月水量截引比例在 0 ~ 61.30%，逐月水量减少比例为 59.28% ~ 94.78%。清水沟、卧羊川截引点的水量减少比例远远大于该截引点的水量截引比例，因为在清水沟、卧羊川截引点的下泄水量中，不仅扣除了本工程截引水量、当地河道外需水量，还扣除了上游东山坡引水工程在该截引点的相应引水量。本工程截引水量远远小于上游东山坡工程引水量和当地需水量之和。其中，东山坡年均引水量占到清水沟截引点对应典型年天然来水量的 40.77% ~ 59.87%，占到卧羊川截引点对应典型年天然来水量的 8.66% ~ 43.70%。

总体来看，在不同典型年来水条件下，上游东山坡工程的引水量均大于清水沟、卧羊川截引点的截引水量；清水沟和卧羊川截引点截引水量变化比例较小的月份集中在 1—4 月，汛期引水比例较大，符合"丰增枯减"原则，考虑颉河及其支沟上各截引点下游约有 156 万 m³ 的月均支流总径流量陆续汇入，上游工程引水对该支流下游河道的水文情势影响不大。

2. 出境断面

在多年平均条件下，颉河出境（宁甘省界）断面水量约为 3990 万 m³，颉河拟引水量为 542.98 万 m³，截引比例为 13.61%，出境断面引水比例达到 39.49%；在不同典型年来水条件下，本工程的截引比例为 4.61% ~ 17.24%，出境断面引水比例为 40.98% ~ 48.43%。

3. 下游灌区引水工程

在 50% 保证率典型年条件下，颉河灌区引水口断面以上水量由于本工程引水将会相应减少 631.53 万 m³，占颉河宁甘出境断面天然年径流量的 17.24%，剩余水量完全能够满足灌区引水需要。因此，宁夏工程引水对颉河灌区的影响不大。

第二节　地表水与地下水环境影响研究

一、地表水环境影响研究

（一）水库区富营养化研究

本工程共涉及三个水库：①引水水源龙潭水库；②暖水河补水调节水库；③中庄主调节水库。经调查，目前三个水库周围均没有污染源汇入，水质现状较好。

根据湖泊水库富营养化的一般规律，发生富营养化需要同时满足温度19~20℃、氮磷比10∶1、流速小于5m/s、充足的阳光照射四个条件。固原市年平均气温6.1℃，7月平均气温18.7℃，1月平均气温为-8.4℃。可以推测，项目区水库水温全年大部分时段都不满足19~20℃的要求，水体基本不具备发生富营养化的条件。

1. 引水水源龙潭水库

龙潭水库基本上为径流式水库，现状运行多年没有发生过富营养化现象。目前有效库容为2.5万 m³，多年平均径流量为3990万 m³，水库水体交换系数很大，水力停留时间很短。根据宁夏回族自治区水环境监测中心监测成果，坝址断面现状总磷、总氮浓度分别为小于0.01mg/L和0.38mg/L，按《地表水资源质量评价规程》（SL 395—2007）的评价标准（见表4-23），目前该水库营养级别属于中营养或贫营养（见表4-24），达不到富营养级别。综上分析，龙潭水库水体交换系数很大，水力停留时间很短，再加上水温常年较低，没有污染源汇入，运行期根本不满足水库湖泊发生水体富营养化的条件，不可能发生富营养化。

2. 暖水河补水调节水库

暖水河水库为本工程新建水库，调节库容为400万 m³，坝址断面多年平均径流量为1050万 m³，水库水体可在一个水文年内平均更新替换2~3次，水力停留时间较短。根据宁夏回族自治区水环境监测中心监测成果，坝址断面现状总磷、总氮浓度分别为 0.022mg/L 和0.77mg/L，按《地表水资源质量评价规程》（SL 395—2007）的评价标准（见表4-23），目前该水库营养级别属于中营养（见表4-24），达不到富营养级别。

表 4-23　湖泊（水库）营养状态评价标准及分级方法

营养状态分级（EI 为营养状态指数）	评价项目赋分值 E_n	总磷/（mg/L）	总氮/（mg/L）	高锰酸盐指数/（mg/L）
贫营养 0≤EI≤20	10	0.001	0.02	0.15
	20	0.004	0.05	0.40
中营养 20<EI≤50	30	0.010	0.1	1
	40	0.025	0.3	2
	50	0.050	0.5	4
富营养 轻度营养 50<EI≤60	60	0.1	1	8
富营养 中度营养 60<EI≤80	70	0.2	2	10
	80	0.6	6	25
富营养 重度营养 80<EI≤100	90	0.9	9	40
	100	1.3	16	60

注：采用线性插值法将水质项目浓度值转换为赋分值。

表 4-24　水库营养现状评价与分级

采样断面名称	项目	总磷/（mg/L）	总氮/（mg/L）	高锰酸盐指数/（mg/L）	营养状态指数	营养状态分级
龙潭水库（坝前）	监测值	<0.010	0.38	1.2		
	评价项目赋分值 E_n	<30	44.0	32.0	<35.3	中营养或贫营养
龙潭水库（库中）	监测值	<0.010	0.61	1.2		
	评价项目赋分值 E_n	<30	52.2	32.0	<38.1	中营养或贫营养
暖水河水库（坝前）	监测值	0.022	0.77	1		
	评价项目赋分值 E_n	38.0	55.4	30	41.1	中营养

　　综上分析，在水库水体每年更新 2~3 次，现状无污染源汇入，营养物质贫乏，以及水库水温常年较低的情况下，运行期只要保证水库周围没有污染源排入，就不满足水库湖泊发生水体富营养化的条件，水库发生富营养化的可能性很小。

3. 中庄水库调节水库

中庄水库为新建主调节水库，总库容为 2564 万 m^3，其中调节库容为 2300 万 m^3，年供水量为 3980 万 m^3，水库水体可在一个水文年内平均更新替换 1~2 次。中庄水库库址处为季节性冲沟，非汛期常年无水，5 月现场查勘时河床干涸，水库周围没有污染源排入。参考中国北方的河流、湖库，由于水温较低，含沙量较大，微生物较为贫乏，发生水体富营养化情况较南方要少。因此，中庄水库在现状无污染源汇入，营养物质贫乏，水库水温常年较低的情况下，运行期只要保证水库周围没有污染源排入，就不满足水库湖泊发生水体富营养化的条件，发生富营养化的可能性很小。

运行期若实施了有效的水源地保护措施，禁止污染源汇入，则工程涉及的三个水库均不会发生富营养化。建议将水库及其周边地区划分为水源保护区，水库建成后严格管理，坚决禁止点污染源汇入。由于中庄水库、暖水河水库周边存在农耕地，且当地水土流失严重，水库运行后可能还会受面源影响，建议在水源保护区内实施水保措施，并设排污沟和集水池，拦截面源污染物。另外，暖水河、中庄水库建成运行前，若库底清理不彻底，水库投入运用初期，营养物质可能会较快上升，因此建议加强库底清理。

(二) 受水区的污染源及污水处理设施预测分析

1. 受水区的污染源

(1) 农村生活排放污水。根据当地农村生活习惯，农村生活污水大都直接泼洒，渗入地下，除非村庄离河流很近，否则基本不进入河流。根据《宁夏中南部水污染防治规划》，固原市 2012 年规划结合新农村建设，进行乡村环境卫生整治，重点是加快乡村改厕进度，并通过农村污水处理、沼气工程和有机肥料使用，发展循环农业；通过垃圾收集、储运、处理系统的建设，彻底改变农村环境状况。由于目前国家进行新农村建设的力度较大，预计规划年新增农村生活用水对下游水环境影响不大。

（2）规模化养殖场排放的污水。对于农村规模化养殖场排放的污水，建议根据《畜禽养殖业污染物排放标准》（GB18596—2001），参考相应养殖场规模及工艺，将排放的污水进行集中处理后按标准达标排放，或者利用养殖业粪便无害化处理和综合利用技术，实现畜禽养殖废物的无害化和资源化。

（3）城镇生活污水。本工程的主要任务是城镇及农村生活供水，工程实施后，城市供水部分将产生新增城市生活污水并相应产生新增污染物。

2. 污水处理设施预测分析

（1）污水处理设施匹配性预测。根据项目预测的规划年城镇生活需水量，预测工程受水区城镇生活排水量，取排水系数为0.7，并据此分析污水处理厂规模适宜性。预测结果见表4-25。

表4-25 规划水平年受水区生活污水排放量预测

县（区）	2025年城镇生活需水量/万立方米	2025年城镇生活排水量/万立方米	需要修建的污水处理厂规模/（万升/d）	现有污水处理厂规模/万 Cd
原州区	725	507.50	1.39	2
彭阳县	531	371.70	1.02	1
西吉县	1078	754.60	2.07	1
海原县	387	270.90	0.74	1
合计	2721	1904.70		

要将受水区生活排放污水进行有效处理，需修建一定规模的生活污水处理厂，参考目前项目区各县（区）已经运行的污水处理厂规模，可知受水区的原州区和海原县现有的污水处理厂规模已经能够满足需要，彭阳县基本能够满足，西吉县不能满足。因此，建议西吉县污水处理厂再扩建或者新建1.1万t/d的规模，彭阳县再扩建0.5万t/d

的规模。

另据《固原市城市总体规划（2011—2030）》，2030 年以前，西吉县现状城市污水处理厂将扩建至 3 万 t/d，彭阳县现状城市污水处理厂将扩建至 1.5 万 t/d，这与本次预测结果不谋而合，证明本次建议的污水厂扩建规模比较合理且有规划依据。

在以上预测的污水处理厂扩建规模能够实现的基础上，在受水区各县已有的污水处理厂能够保证管网配套并正常运行的条件下，工程调水后受水区排放的城镇生活污水将得到全部处理，工程调水对下游水环境没有太大影响。

（2）污染源强预测。工程实施后，考虑供水管网损失后，受水区城镇生活供水量为 2721 万 m^3，污水排放系数采用 0.7，生活污水排放量为 1904.7 万 m^3。城镇生活污水排放后基本上全部进入城市污水处理厂统一处理，据《宁夏回族自治区"十二五"城镇污水处理及再生利用设施建设规划》，"十二五"期间受水区所有污水处理厂都要建设配套中水厂，中水厂设计规模与现状运行的污水处理厂设计规模相同，即现行污水处理厂处理后的污水将全部得到回用。因此，工程实施后，虽然随着用水量的增加，受水区生活污水较现状年有所增加，但由于污水处理厂的投产运行，污染物排放量较现状年增加不多。

另外，如果至 2025 年，西吉县和彭阳县扩建的污水处理厂也能配套建设中水厂，那么受水区污水处理厂处理后的污水将全部得到回用，规划年最终进入河流的生活废污水及污染物将下降为零。即使至 2025 年，西吉县和彭阳县扩建的污水处理厂未能配套建设中水厂，规划年最终进入河流的废污水及污染物也将大幅下降。工程建设前后受水区生活污染源强变化情况见表 4-26。

表 4-26　受水区城市生活污染源强预测

时段	县（区）	流域	生活污染源强			污染物入河量 / （t/a）	
			生活污水 / （万 m³/a）	COD / （t/a）	氨氮 /va	COD	氨氮
现状 2009 年污染源排放量	原州区	清水河	179.90	89.95	14.39	62.07	10.22
	西吉县	葫芦河	137.90	413.70	68.95	285.45	48.95
	彭阳县	泾河	37.80	113.40	18.90	78.25	13.42
	海原县	清水河	72.10	216.30	36.05	149.25	25.60
	合计		427.70	833.35	138.29	575.02	98.19
2025 年污染源排放量	原州区	清水河	507.50	253.75	40.60	0	0
	西吉县	葫芦河	755.30	377.65	60.42	156.35	25.74
	彭阳县	泾河	371.70	185.85	29.74	16.50	2.54
	海原县	清水河	270.90	135.45	21.67	0	0
	合计		1905.40	952.70	152.43	172.85	28.28
工程引起的变化量	原州区	清水河	327.60	163.80	26.21	−62.07	−10.22
	西吉县	葫芦河	617.40	−36.05	−8.53	−129.11	−23.21
	彭阳县	泾河	333.90	72.45	10.84	−61.75	−10.88
	海原县	清水河	198.80	−80.85	−14.38	−149.25	−25.60
	合计		1477.70	119.35	14.14	−402.18	−69.91

注：表中入河量数据是以西吉县和彭阳县扩建的污水处理厂未能配套建设中水厂为基础进行预测的。

（3）排污总量控制要求满足程度分析。根据《宁夏回族自治区"十二五"城镇污水处理及再生利用设施建设规划》，现行污水处理厂处理后的污水将全部得到回用，回用中水部分用于周边农田灌溉，部分用于六盘山热电厂，部分用于城市生态用水。据以上污染源强预测结果，即使至 2025 年，西吉县和彭阳县扩建的污水处理厂未能配套建设中水厂，规划年最终进入河流的废污水及污染物也将大幅下降。因此，工程的实施不会给受水区下游水环境带来负面影响，不会增加受水区污染物入河总量。

（三）受水区水质研究情况

1. 按照规划既定目标实施的情况

如果西吉县污水处理厂再扩建或者新建 1.1 万吨/d 的规模，彭阳县再扩建 0.5 万吨/d 的规模，且受水区其他各县已有的污水处理厂能够保证管网配套并正常运行，规划年受水区所有污水处理厂建设同等规模的配套中水厂，污水处理厂处理后的污水能够全部得到回用，那么工程实施将不会对下游水环境造成负面影响，受水区下游断面水质将至少维持在现状水平。

2. 达不到规划目标的情况

要使受水区污水处理厂污水回用率达到 100%，需要投入很高的人力、物力，需要建设配套管网，因此该目标的实现有一定的风险性。但是，在我国目前水资源紧缺，节水力度逐年加大的背景下，在固原市如此严重的缺水程度下，规划年受水区的污水回用率必将要提高到一定水平。据《宁夏回族自治区"十二五"城镇污水处理及再生利用设施建设规划》，"十二五"期间，全区城镇污水再生利用率目标拟定为 60%。下面分污水回用率为零和 60% 两种情况进行受水区达不到规划目标情况下的水质预测分析。

（1）污水回用率为零。污水回用率为零，以及污水处理厂处理后的污水全部排入河流系统，这是一种最不利的情况。受水区包括固原市的原州区、西吉县、彭阳县和中卫市的海原县共三县一区，其现状生活污水排污去向见表4-27。

表 4-27 受水区生活污水排污去向

地区	排污去向
西吉县	葫芦河
原州区	清水河
彭阳县	茹河→蒲河→泾河
海原县	西河→清水河

根据2011年受水区"三县一区"的污水处理厂入河排污口位置，选择以下断面作为重点预测断面，见表4-28和图4-1。这些重点预测断面均位于污水处理厂入河排污口下游临近处，且均为固原市环境监测站在同原市设置的常规水质监测断面。

表 4-28 重点预测断面情况

代表断面	上游背景断面	所在河流	影响来源
水文站	占城	茹河	彭阳县
皮革厂	拖配厂	清水河	固原市原州区
夏寨水库	新营	葫芦河	西吉县

图 4-1 水质预测断面位置示意

选择 COD、氨氮作为主要预测因子。预测时段选择工程运行前后多年平均来水情况下的枯水期及平水期。工程运行前的设计流量采用固原市环境监测站监测的 2001—2011 年的近十年平均来水情况下的月均实测流量，工程运行后的设计流量采用固原市环境监测站监测的 2001—2011 年的近十年平均来水情况下的月均调算流量。

根据河道特征、入河排污口分布状况，选择综合削减模式进行水质预测，其表达式为

$$C_2 = (1 - K)(Q_1 C_1 + \sum q_i c_i)/(Q_1 + \sum q_i)$$

式中　Q_1 ——上游来水量，m^3/s；

　　　C_1 ——上游来水污染物浓度，mg，/L；

　　　q_i ——旁侧排污口的水量，m^3/s；

　　　c_i ——旁侧排污口的污染物浓度，mg/L；

　　　C_2 ——预测断面污染物浓度，mg/L；

　　　K ——污染物综合削减系数，s^{-1}。

水质预测有关参数见表 4-29。

表 4-29　水质预测有关参数

预测断面	水期	断面流量 /（m^3/s）	综合削减系数 K/S^{-1}		上游来水污染物浓度 $C_1/$（mg/L）	
			COD	氨氮	COD	氨氮
水文站	枯水期	0.15	0.15	0.22	17.15	0.18
	平水期	0.21			15.00	0.06
皮革厂	枯水期	0.22	0.12	0.20	13.65	0.15
	平水期	0.25			10.00	0.087
夏寨水库	枯水期	1248（有效库容，万 m^3）	0.14	0.19		
	平水期					

注：夏寨水库的上断面——新雷断面断流，故没有监测水质浓度。

预测结果见表 4-30，从预测结果可以看出，污水零回用时，各预

测断面预测浓度均较现状浓度有所增加，增加幅度为15%～90%，且各断面预测浓度均超标，其中茹河彭阳县和清水河固原市的退水断面预测水质超出固原市环保局批复的受水区地表水环境影响评价执行标准——Ⅳ类水质标准，COD、氨氮均为超标因子；葫芦河西吉县退水断面预测水质超出固原市环保局批复的项目区地表水环境影响评价执行标准——Ⅲ类水质标准，COD、氨氮均为超标因子。

表4-30　受水区水质预测结果（污水零回用）　　　单位：mg/L

预测断面名称	所在河流	污水来源	上游背景断面名称	时段	预测结果（C_2）		是否超标	超标因子	预测断面现状监测浓度	
					COD	氨氮			COD	氨氮
水文站	茹河	彭阳县	古城	枯水期	37.15	1.01	超标	COD、氨氮	33.65	0.53
				平水期	35.02	2.14	超标	COD、氨氮		1.31
皮革厂	清水河	固原市	拖配厂	枯水期	42.31	2.78	超标	COD、氨氮	37.17	1.48
				平水期	39.10	2.10	超标	COD、氨氮	35.90	1.14
夏寨水库	葫芦河	西吉县	新营	枯水期	39.50	1.67	超标	COD、氨氮	37.24	1.40
				平水期	40.12	1.96	超标	COD、氨氮	37.90	1.71

　　分析预测结果的超标原因，主要是受水区现状背景浓度较高，已经超出标准，而由工程实施产生的影响不是太大。

　　（2）污水回用率为60%。采用同样的预测模式、水量条件及背景断面，进行污水60%回用情况下的水质预测，结果见表4-31，可以看出，当污水60%回用时，各预测断面预测浓度均较现状有所降低，降幅为2%～50%。且各断面预测浓度均能达标，其中茹河彭阳县和清水河同原市的退水断面预测水质能够达到固原市环保局批复的受水区地表水环境影响评价执行标准——Ⅳ类水质标准；葫芦河西吉县退水断面预测水质能够达到固原市环保局批复的项目区地表水环境影响评价执行标准——Ⅲ类水质标准。

表 4-31　受水区水质预测结果（污水 60% 回用）　　　单位：mg/L

预测断面名称	所在河流	污水来源	上游背景断面名称	时段	预测结果（C₂）		是否超标	预测断面现状监测浓度	
					COD	氨氮		COD	氨氮
水文站	茹河	彭阳县	古城	枯水期	29.10	0.49	不超标	33.65	0.53
				平水期	27.93	1.28	不超标		1.31
皮革厂	清水河	固原市	拖配厂	枯水期	29.76	1.32	不超标	37.17	1.48
				平水期	27.41	1.02	不超标	35.90	1.14
夏寨水库	葫芦河	西吉县	新营	枯水期	19.46	0.57	不超标	37.24	1.40
				平水期	20.12	0.88	不超标	37.90	1.71

因此，工程实施后，在污水 60% 回用的情况下，不会增加预测断面浓度，对下游水环境没有影响。

（四）运行期管理人员废污水影响分析

运行期管理人员废污水对水环境的影响主要是办公区、家属区生活污水排放对下游水环境的影响。工程运行期管理人员共计 98 人，拟设置六盘山供水水务公司，下设南郊配水中心、检修维护中心和龙潭水库、暖水河水库、中庄水库和下青石咀等 5 个基层管理所，其中乡村地区为 52 人，预计生活废水排放总量约为 1.664m³/d，主要污染物为 BOD₅、COD、SS。按照《污水综合排放标准》（GB 8978—1996），工程所在的泾河干支流、清水河、龙潭水库、暖水河水库、中庄水库等分别执行Ⅰ类和Ⅱ类水体标准，严禁废污水入河，因此污水处理后应全部回用。由于工程管理人员分布比较分散，且各处产生的生活污水量都很小，建议在管理场所设置旱厕，对污水进行集中处理，污水处理后作为管理人员生活区附近灌木和草地等的浇灌用水，实现生活污水零排放，污泥可作为农用肥料外运。在此基础上研究认为，运行期工程管理人员所产生的生活污水不会对当地水环境造成影响。

（五）引水区水质研究分析

引水区涉及暖水河、策底河、颉河和泾河干流，但只有泾河干流设置了常规水质监测断面，下面选取泾河干流上的泾源县出境断面园子村进行工程引水前后水质预测，分析工程引水对引水区水质的影响。

园子村断面的上断面为香水镇断面，断面位置关系如图4-2所示，预测模式仍然采用综合衰减模式，预测参数见表4-32，其中断面流量引水前采用的是固原市环境监测站监测的2001—2011年的近十年平均来水情况下的90%保证率最枯月均实测流量，引水后采用的是固原市环境监测站监测的2001—2011年的近十年平均来水情况下的90%保证率最枯月均调算流量。

表4-32　引水区水质预测参数

预测断面	断面流量/（m³/s）		综合削减系数 K/s⁻¹		上断面浓度 C_1/（mg/L）	
	引水前	引水后	COD	氨氮	COD	氨氮
园子村	0.388	0.329	0.15	0.22	13.95	0.373

预测结果见表4-33，从表中可以看出，引水后预测断面水质浓度有所增加，但水质类别仍为Ⅱ类，与引水前水质类别相同，因此工程引水对引水区水质类别没有影响。

表4-33　引水区水质预测结果　　　　　　　　单位：mg/L

预测断面	所在河流	污水来源	上游背景断面	预测结果（C_2）		是否超标	超标因子	预测断面现状监测浓度	
				COD	氨氮			COD	氨氮
园子村	泾河	泾源县	香水镇	14.9	0.425	超标	COD、氨氮	12.55	0.34

二、地下水环境影响研究

工程输水隧洞的建设可能破坏地下水水文地质条件，进而在一定程度上影响地下水的补给、径流和排泄条件，输水管线和暖水河、中庄水库的运行可能会抬升周边地下水位。

（一）输水隧洞对地下水的影响

工程布置隧洞10座，总长为36.448km，隧洞走向与开城—北面河冲断层走向相一致，距离为3.5～6.5km。由于引水线路隧洞穿越多条近东西向的河流，地下水位较高，地下水主要接受大气降水的入渗补给，地下水排泄量主要为河川基流量，全部是地表水资源量与地下水资源量之间的重复量。降水大部分沿地表斜坡流入沟谷，少量入渗到地表覆盖层及下部岩石的风化层孔隙、裂隙中，在隔水层附近受阻形成暂时性地下水，其中一部分沿潜水面向沟谷流动，形成渗水或间歇性泉，排泄到地表水体中。地下水流向基本与沟谷坡向一致，但坡度较缓。根据钻孔资料，线路隧洞所穿越的山体中均有地下水，地下水位远高于隧洞。隧洞毛洞高度3.3m，宽3.15m。

1. 引水隧洞对地下水的影响

（1）1#（北山）隧洞15+240～16+810。1#隧洞长1.570km，进口位于泾源县城东北北山村，处于香水河Ⅱ级阶地后缘与山体结合处，出口位于上胭村胭脂川沟。前段1.095km处于E2s泥质砂岩中，后段0.560km处于K1n泥岩中，E2s泥质砂岩与K1n泥岩呈平行不整合接触。隧洞穿越的山体较完整，洞轴线上方无深切河谷，只在中后段东侧有一冲沟沟头接近洞轴线。岩体中存在有地下水，围岩属中等透水。隧洞施工过程中可能有中等线状流水通过裂隙渗入隧道流失。由于1#隧洞洞长有限，出口、管线横跨胭脂川面积很小，渗漏损失水量较小，且在施工过程中采取工程堵水措施，因此1#隧洞对周边地下水影响较小。

（2）2#（中庄）隧洞17+210～21+885。2#隧洞长4.675km，进口位于泾源县城东北上胭村，出口位于暖水河下寺村南。隧洞穿越的山体较完整，在隧洞轴线西侧有一条平行洞轴线的冲沟，另有较小的冲沟沟头切割至洞轴线附近，隧洞上方主要有黄花川、大沟两条走向近于东西向的较大的沟谷（负地形）。隧洞均处于K1n泥岩中，岩体中存在有地下水，地下水埋藏深度较浅，进口段属中等透水，中间、出口段属弱透水，隧洞施工过程中可能有轻微渗水或滴水。但桩号18＋999～19＋138段139m黄花川沟段，洞底至地表最浅埋深为18.2m，隧洞与山沟相交角度接近正交，下部洞身段基岩属于微风化一新鲜的基岩，由于地下水位埋藏较浅，洞顶段的透水率较大，洞顶有可能产生线状流水。总体来看，隧洞影响面积较小，在施工过程中采取及时有效的工程防涌水措施后，2#隧洞对周边地下水影响较小。

（3）3#（刘家庄）隧洞25＋300～26＋875。3#隧洞长1.840km，进口位于泾源县下刘家村，出口位于白家村。隧洞均处于K1n泥岩中，隧洞穿越的山体较完整，无横跨隧洞轴线的切割较深冲沟等负地形。在隧洞西侧发育一条与隧洞轴线近于平行的冲沟，距洞轴线约150m；在隧洞东侧发育一条走向12°的冲沟，沟头在25＋735处与隧洞轴线接近。围岩属弱透水—中等透水，岩体中存在有地下水，洞室呈渗水或滴水。在施工过程中，采取工程防涌水措施后，3#隧洞对周边地下水影响较小。

（4）4#（白家村）隧洞27＋105～33＋890。4#隧洞长6.785km，进口位于泾源县白家村，出口位于六盘山镇（什字）东卧羊川村前。隧洞轴线穿越的山体上方有深切河谷，其中大窑沟距离较远，水力联系较小，五保沟、下海子沟、半个山沟地表水与洞室地下水有密切水力联系。由于围岩属中弱透水，洞顶有可能产生轻微渗水或滴水；在施工过程中，采取工程防涌水措施后，4#隧洞对周边地下水影响较小。

（5）5#（卧羊山）隧洞35＋105～37＋115。5#隧洞长2.010km，进口位于泾源县六盘山镇东卧羊川村前，出口位于五里铺村东。隧洞轴线穿越的山体较完整，洞轴线上方无较大的深切沟谷，未发现有断层。隧洞均处于K1n泥岩中，岩体中存在有地下水，围岩属弱透水一中等透水。在施工过程中采取工程防涌水措施后，5#隧洞对周边地下水影响较小。

（6）6#（大湾）隧洞 40 + 705 ~ 50 + 635。6#隧洞长 10.775km，进口位于泾源县瓦亭村西北，出口位于窑儿沟村东。隧洞前段 39 + 860 ~ 44 + 748 处于 K1n 泥岩中，后段 44 + 748 ~ 50 + 635 处于 K1m 泥岩夹泥灰岩中。隧洞轴线方向 0°，隧洞轴线穿越的山体有深切河谷，主要是 6 条近于东西向及 1 条与洞轴线相重合的大冲沟，深切河谷大多有地表水，其中上井盘沟、王灌沟、武家坪沟距离较远，水力联系较小，第四沟、马圈沟、窑儿沟与洞室地下水有水力联系。此外，由于隧洞轴线在 41 + 421 ~ 42 + 647 段与杨洼沟重合或距离较近，且断层较发育，断层密度过大，建议隧洞轴线向东移动约 300m，此处山体宽厚，无深切割的沟谷（负地形），断裂不发育，适于隧洞选址。总体来看，由于围岩属微透水—弱透水，在施工过程中采取工程防涌水措施后，6#隧洞对周边地下水影响较小。

（7）7#（开城 1#）隧洞 54 + 235 ~ 55 + 845。7#隧洞长 1.610km，进口位于五里山村东，出口位于后沟。隧洞轴线方向 348°，穿越的山体较完整，洞轴线上方无切割较深的沟谷，在距洞轴线 250m 左右两侧有近于平行洞轴线的冲沟。隧洞进口段（桩号 54 + 235 ~ 54 + 265）洞顶及洞身段全部处于坡积角砾及碎石中，中间及后段处于 K1m 泥岩夹泥灰岩中。中间及后段地表为黄土覆盖。钻孔中发现基岩裂隙水，水位埋深 15.0 ~ 21.7m。在施工过程中，采取工程防涌水措施后，7#隧洞对周边地下水影响较小。

（8）8#（开城 2#）隧洞 56 + 085 ~ 61 + 960。8#隧洞长 5.875km，进口位于后沟，出口位于三十里铺。隧洞轴线方向 349°，穿越的山体较完整，洞轴线上方有深切割的沟谷（负地形），主要是赵家沟、余家沟、兴隆沟等 3 条大的冲沟，近于东西向展布。地表断续为黄土覆盖。隧洞处于 K1m 泥岩夹泥灰岩中。断裂不发育，只在出口处有两条小断层。钻孔中发现基岩裂隙水，地下水埋深 3 ~ 20m。围岩属弱透水，在施工过程中，采取工程防涌水措施后，8#隧洞对周边地下水影响较小。

（9）9#（后河）隧洞 67 + 755 ~ 68 + 350。9#（后河）隧洞长 0.595km，进口位于固原市开城镇二十里铺西南大马庄水库下游的西南侧，出口位于后河水库右岸东侧。

（10）10#（中庄）隧洞 69 + 065 ~ 69 + 693。10#（中庄）隧洞长 0.628km，进口位于后河水库右岸西北侧，出口位于中庄水库东南侧。地表均覆盖 Q3m 黄土，隧洞进出口穿越湿陷性黄土，中间段处于非湿陷性黄土中，无地下水。对周边地下水影响轻微。

2. 施工支洞工程的影响

自流线路施工支洞共有 11 座，总长 1.47km。

（1）2#隧洞施工支洞。2#隧洞施工支洞共 2 座，总长 515m。2#隧洞施工支洞处于 K1n 泥岩中，根据主隧洞资料，施工支洞地下水位埋深 1 ~ 10m，岩体中存在有地下水，施工过程中洞室会有呈线状流水或滴水。

（2）4#隧洞施工支洞。4#隧洞施工支洞共 3 座，总长 668m。4#隧洞施工支洞处于 K1n 泥岩中，根据主隧洞资料，地下水埋深 1 ~ 3m，岩体中存在有地下水，施工过程中洞室呈线状流水或滴水。

（3）6#（大湾）隧洞施工支洞。6#（大湾）隧洞施工支洞共 4 座，总长 2189m。41 + 550 支洞处于 K1n 泥岩中，后 3 座（43 + 450、45 + 520、47 + 900）支洞处于 K1m 泥岩夹泥灰岩中。根据主隧洞资料，岩体中存在有地下水，地下水埋深约 40m，施工过程中洞室会有呈线状流水或滴水。

（4）8#（开城 2#）隧洞施工支洞。8#（开城 2#）隧洞施工支洞共 2 座，总长 659m。支洞处于 K1m 泥岩夹泥灰岩中，钻孔中发现基岩裂隙水，地下水埋深 3 ~ 20m，施工过程中洞室会有呈线状流水。

总体来看，工程隧洞地下水位远高于隧洞，地下水主要接受大气降水的入渗补给，周边围岩属于中透水—微弱透水，工程施工过程涌水。此外，工程运行后，隧洞与周边地下水隔绝，不会对周边山体地下水位、水资源量造成影响。

（二）输水管线对地下水的影响

工程输水管线采用钢筋混凝土管、玻璃钢管、钢筒混凝土管，采用地下暗管输水，管道沿线渗漏水量可能极小，管道埋深一般为 2m 左右，管径 1.2～2m，影响范围有限，在一些地势较低的地方，地下水位也在 2～3m，地下水位重合，对潜层地下水流动将产生阻隔作用，但地下水会以渗透的方式绕过管线，不会导致管线区地下水位抬高，对地表植被影响不大。

（三）蓄水工程对地下水的影响

1. 暖水河水库的影响

暖水河水库坝址位于下寺村下游约 1.5km 的暖水河出口处，库区位于小黄崾山—三关口—沙南断裂和开城—北面河断裂带之间，坝址区距开城—北面河断裂 5.5km，距小黄崾山—三关口—沙南断裂 7.0km，地质构造较简单，无区域性大断裂通过库坝区。工作区的地下水主要为第四系含水层中的孔隙潜水、基岩裂隙潜水及承压水三类，均受大气补给，受季节影响很大。地下水多以下降泉的形式沿河及冲沟中分布，出露地表，沿各沟道径流至河谷，下降泉在右岸分布较多。地下水多向河谷方向径流、排泄，是河水的主要补给源。

暖水河河谷大致沿 228°方向由西南向东北展布，拜家沟和暖水河之间山体高耸，岩体完整性较好，未发现存在断裂及贯穿山体的构造破碎带，两岸泉水的出露高程 1830～1900m，即从沟底至山顶均有泉水出露，地下分水岭高程远高于库水位高程。暖水河水库库区处于基岩山区，两岸马东山组（K1m）的泥灰岩及泥岩呈弱透水—微透水。根据可研实测，该地土壤毛细管上升高度 1.30m，植物根系层 0.6m，浸没地下水埋深临界值为 1.90m，水库建成后估算地下水位将壅高 0.2m 左右，水库将在正常蓄水位 1838.6～1840.7m 产生浸没，浸没范

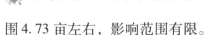

围 4.73 亩左右，影响范围有限。

总体来看，暖水河水库建设运行后，将形成新的地表水地下水平衡关系，但地下水补给暖水河水库关系不会发生改变，对暖水河周边地下水影响不大。

2. 中庄水库的影响

中庄水库库址位于大马庄水库西北侧，地处陇西系巨形带状构造所形成的清水河断陷带与卫宁东西向构造带—卫宁北山复背斜的交织、复合部位。陇西系形成的清水河断陷带，基岩出露不多，主要沉积物为巨厚的第四系黄土，地质构造较简单。

库区地下水为第四系松散堆积物孔隙潜水，丰水期地表水补给地下水，枯水期地下水补给地表水，地下水位埋深 4.6（主沟道处高程 1812m）~10.0m（两岸阶地处高程 1820m）。库区两岸均为黄土覆盖，黄土呈弱透水，两侧山体在高于水库正常蓄水位处有 4 处发现有下降泉，但涌水量较小（1~5L/min），受季节影响，属于上层滞水，因此并未形成地下水分水岭。

水库岸坡较缓，坡角为 10°~25°。中庄水库建成后，水库正常蓄水位 1874.37m，将在岸坡高程 1874.37~1875.37m 范围内的区域产生浸没，浸没面积为 74600m² （111.90 亩）。水库建成运行后，虽然产生一定范围的浸没，但是由于库区两岸被呈弱透水的黄土覆盖，总体来看对库区周边地下水影响不大。

（四）受水区地下水影响

根据宁夏回族自治区人民政府 2002 年 10 月发布实施的《宁夏回族自治区矿产资源总体规划（2001—2010 年）》（宁政发 [2002] 87 号），清水河平原七营以南区、葫芦河平原区、六盘山区属于地下水资源限制开采区。受水区的现状地下水取水工程主要位于限制开采区。

项目区城市现有的五个地下水源地中，彭堡水、沙岗子水源地存在城镇、农业争水现象，且水质不达标。本工程实施后，工程部分供水量置换调入区部分水质不安全且位于限制开采区的地下水后，规划年彭堡水、沙岗子水源地调整为特枯年份城镇生活的应急水源，在非应急情况下每年减少地下水供水量252万 m^3，占调入区地下水年供水量的53.3%，限采后，由于降水及地表水的补给作用，彭堡水、沙岗子水源地的浅层地下水位将有所回升，缩小降落漏斗的面积，进而防止地下水环境进一步恶化，缓解因地下水位下降而引发的环境地质灾害和社会问题，减小地下水环境不可逆转性的损害，保证地下水资源的可持续性，从而保障社会经济的可持续发展。

第三节　水环境保护措施

一、地表水环境处理措施

工程运行期废污水主要为受水区新增的生活排水以及工程管理人员的生活污水。

（一）受水区新增生活排水处理措施

工程运行后，受水区的原州区和海原县现有的污水处理厂规模已经能够满足需要，西吉县不能满足，彭阳县现有规模略小。因此，西吉县污水处理厂应再扩建或者新建1.1万吨/d的规模，彭阳县需扩建0.5万吨/d的规模。此外，受水区其他各县已有的污水处理厂要保证管网配套并正常运行。

最后，建议有关政府对《宁夏回族自治区"十二五"城镇污水处理及再生利用设施建设规划》在受水区各县规划的污水处理厂的配套中水厂要加大投资保障力度，力求在"十二五"期末建成规划的配套中水厂，使得受水区现行污水处理厂处理后的污水能够全部得到回用。

（二）工程管理人员生活污水处理措施

工程运行期管理人员共计98人，拟设置六盘山供水水务公司，下设 5 个基层管理所，其中乡村地区 52 人，预计生活废水排放总量约为 1.664m³/d。由于工程管理人员分布比较分散，且各处产生的生活污水量都很小，建议在管理场所设置旱厕，定期对旱厕污水进行清理，作为附近灌草、农田的肥料使用。生活污水零排放，不进入附近河流。

二、水源地安全保护措施

本工程水源地包括龙潭水库、各截引点以及暖水河和中庄两个调蓄水库，针对本项目特点，制定水源保护主要措施如下：

（1）参照国家环境保护总局发布的《饮用水水源保护区划分技术规范》（HJ/T 338—2007）要求，将龙潭水库、各截引点和调蓄水库划为水源地保护区，进行重点保护。划分方案如下：

1）龙潭水库、暖水河水库水源保护区划分范围。由于龙潭水库有效库容为 2.5 万 m³，暖水河水库总库容为 560 万 m³，均为小型水库，故其划分范围为：一级保护区水域范围为正常水位线以下的全部水域面积，一级保护区陆域范围为取水口侧正常水位线以上 200m 范围内的陆域；二级保护区水域范围为一级保护区边界外的水域面积，二级保护区陆域范围为一级保护区以外的上游整个流域。

2）中庄水库水源保护。由于中庄水库有效库容为 2564 万 m³，为中型水库，故其划分范围为：一级保护区水域范围为取水口半径 300m 范围内的区域，一级保护区陆域范围为取水口侧正常水位线以上 200m 范围内的陆域；二级保护区水域范围为一级保护区边界外的水域面积，二级保护区陆域范围为水库周边山脊线以内（一级保护区以外）及入库支沟上溯 3000m 的汇水区域。

3）各截引点水源保护区划分范围。一级保护区水域范围：取水口上游不小于 1000m，下游不小于 100m 范围内的河道水域；一级保护区陆域范围：陆域沿岸长度不小于相应的一级保护区水域长度，陆域沿岸纵深与河岸的水平距离不小于 50m。二级保护区水域范围：长度从一级保护区的上游边界向上游（包括汇入的上游支流）延伸不得小于 2000m，下游侧外边界距一级保护区边界不得小于 200m，宽度为从一级保护区水域向外 10 年一遇洪水所能淹没的区域；二级保护区陆域范围：由于各截引点所在的河流均为小型支流或支沟，流域面积都小于 100m²，故其二级保护区陆域范围是整个集水范围。

由于龙潭水库、各截引点以及暖水河和中庄两个调蓄水库现状水质较好，没有较大污染源汇入，故不再设置准保护区。

在划好的水源地保护区内应设立警示标志牌，限制兴建度假村、疗养院及居民居住区，严禁打井、采石、取土等危害工程安全的活动。个别确需活动的区域，应征得管理部门许可后才能进行。对于在水源地保护区管理范围内的违章建筑应予以拆除。

（2）水源地保护区内要做好水土流失防治工作。从事可能引起水土流失的生产建设活动，必须采取措施，保护水土资源，并负责治理因生产建设活动造成的水土流失。根据水源地保护要求，在水源地附近要种植水源涵养林，实施水土保持工程，防止水土流失造成泥沙对引水水质的影响，并减少氮、磷等营养素的流入量。同时，做好面源防护措施，在现状水质超标的清水沟截引点上游沿河道挖 200m 的截污沟，将附近村庄排放的废水以及面源导入截引点下游；在中庄水库、暖水河水库周边设排污沟和集水池，拦截面源污染物。

（3）结合工程总体布置，沿水源地保护区四周设置刺丝围栏，围栏外侧设置 30m 宽的绿化带。水源地保护区围栏外围 50m 范围内不得修建禽畜饲养场、渗水厕所、渗水坑，不得堆放垃圾、粪便、废渣或铺设污水管道，应保持良好的卫生状况，严禁在水源保护区设置排污口。

（4）供水加压泵站周围实施围栏封闭隔离，围栏外侧种植宽 10m 的防护林带。

（5）沿输水管线中心线每隔 50m 埋设混凝土指示桩，桩顶露出地面 0.3m，桩侧书写“供水管线”，加以说明、警示。

（6）建立水源地保护区水体巡视制度，并对其水质进行监测，防止水质污染；建立健全水源保护区突发污染事件预警体系和应急反应体系。在输水管线各大重要拐点处均要设置阀门，一旦突发性水污染

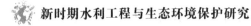

事故发生，可以关闭阀门，阻断水污染下泄流路。不过，若距离隧洞进出口 1000m 以内的管道上已经设置有排污检查井和控制阀门，隧洞进出口可以不再专门设置控制阀门。

三、地下水环境保护措施

主要采取工程措施及非工程措施来减缓工程建设对地下水环境的影响。对于水库渗漏主要修建防渗工程；对于隧洞防渗，施工时应采取排水措施；对于库区浸没引起的地上水位抬升，可以开挖排水渠降低地下水位，从而避免土壤发生次生盐碱化。另外，受水区需节约用水，加大宣传力度，唤起民众对地下水资源的保护意识；科学、合理规划，加强地下水研究工作。

第五章 新时期水利工程中的水环境与水生态

水资源是人类生存不可或缺的自然资源。然而，水环境与人类依赖的生态环境之间的密切关系是最近才被人们认识到的。水资源管理中开始重视生态环境保护，并不是政治家们的真知灼见所引导，也不是科学家们的知识普及和学术倡导所致，而是在生态环境系统的水资源状态受到严重破坏、生态环境问题日益严峻并严重危及社会经济健康发展的历史背景下产生出来的，属于驱动性问题。显然，处理好水资源与社会经济之间的协调关系，对于新时期的水资源管理乃至社会经济的可持续发展都具有重要意义。

第一节 水环境与水生态的基本关系

一、水环境分析

作为地球上分布最广的物质，水是地球环境的重要组成部分。水的总量约为13.6亿 km^3，覆盖了地球70.8%的表面。其中97.5%的水是咸水，无法直接饮用。在余下的2.5%的淡水中，有89%是人类难以利用的极地和高山上的冰川和冰雪。因此，人类能够直接利用的水仅仅占地球总水量的0.26%。

通过环境学的基本含义可知，某中心事物确定后，与它相关的事物称为环境。水环境是指自然界中水的形成、分布和转化所处空间的环境，是围绕人群空间及可直接或间接影响人类生活和发展的水体，其正常功能的各种自然因素和有关的社会因素的总体。也有的是指相对稳定的、以陆地为边界的天然水域所处空间的环境。水在地球上处于不断循环的动态平衡状态。天然水的基本化学成分和含量，反映了它在不同自然环境循环过程中的原始物理化学性质，是研究水环境中元素存在、迁移和转化和环境质量（或污染程度）与水质评价的基本依据。水环境主要由地表水环境和地下水环境两部分组成。地表水环境包括河流、水库、湖泊、海洋、池塘、沼泽、冰川等，地下水环境包括泉水、浅层地下水、深层地下水等。水环境是构成环境的基本要素之一，是人类社会赖以生存和发展的重要场所，也是受人类干扰和破坏最严重的领域。水环境的污染和破坏已成为当今世界主要的环境问题之一。

根据粗略统计，每年全球陆地降雨量约 9.9 万 km^3 蒸发水量约 6.3 万 km^3，江河径流量约为 4.3 万 km^3，流入海洋的约 3.6 万 km^3。从世界范围来说，我国的水资源总量丰富，居世界第 6 位，位于巴西、俄罗斯、加拿大、美国和印度尼西亚之后，约占全球河川径流总量的 5.8%。但是，我国是人口大国，以占世界陆地面积 7% 的土地，生活着占世界 22% 的人口，人均水资源量非常少，是世界人均水量的 1/4。按 1997 年人口计算，我国人均水资源量为 $2220m^3$。预计到 2030 年，人口增加至 16 亿时，人均水资源量将降到 $1760m^3$，用水总量将达到 7000 亿 ~ 8000 亿 m^3/a，人均综合用水量将达到 400 ~ $500m^3/a$。按照国际标准，人均水资源量少于 $1700m^3$ 时，属于用水紧张的国家。由此可见，我国属于用水紧张的国家，水资源短缺制约着我国经济社会的发展。

我国水汽主要从东南和西南方向输入，水汽出口主要是东部沿海，陆地上空水汽输入量多年平均为 18.2 万亿 m^3，输出总量为 15.8 万亿 m^3，年净输入量为 2.4 万亿 m^3，约占输入总量的 13%。输入的水汽在一定条件下凝结，形成降水。我国平均年降水总量为 61889 亿 m^3，其中的 45% 转化为水资源，而 55% 被蒸发散发。降水中的大部分经东北的黑龙江、图们江、绥芬河、鸭绿江、辽河，华北的滦河、海河、黄河，中部的长江、淮河，东南沿海的钱塘江、闽江，华南的珠江，西南的元江、澜沧江以及中国台湾省各河注入太平洋；

少部分经怒江和雅鲁藏布江等流入印度洋。降水径流中的一部分还形成水库，还有一部分渗入到地下土壤和岩石孔隙。

我国多年平均年径流量约为 27115 亿 m^3，是我国水资源的主体，约占我国全部水资源总量的 94.4%。但是，我国是最干旱的区域，地表水资源分布极不均匀，南方河多水多，北方河水径流小，西北大部分地区河系稀少，水量非常小。

二、水生态解析

水生态是指环境水因子对生物的影响和生物对各种水分条件的适应。生命起源于水中，且一切生物的重要组分是水。生物体不断地与环境进行水分交换，环境中水的质（盐度）和量是决定生物分布、种类的组成和数量，以及生活方式的重要因素。生物体内必须保持足够的水分：在细胞水平要保证生化过程的顺利进行，在整体水平要保证体内物质循环的正常运转。

地球水循环发生重大变化是生物的出现。土壤及其中的腐殖质大量持水，而蒸腾作用将根系所及范围内的水分直接送回空中，这就大大减少了返回湖海的径流。这使大部水分局限在小范围地区内循环，从而改变了气候和减少水土流失。因此，不仅农业、林业、渔业等领域重视水生态的研究，从人类环境的角度出发，水生态也日益受到更普遍的重视。太阳辐射能和液态水的存在是地球上出现生命的两个重要条件。水之所以重要，首先因为水是生命组织的必要组分；呼吸和光合作用两大生命过程都有水分子直接参与；蛋白质、核糖核酸、多糖和脂肪都是由小分子脱水聚合而成的大分子，并与水分子结合形成胶体状态的大分子，分解时也必须加入相应的水（水解作用）。

（一）水的物理化学特性

水具备一些对生命活动有重要意义的物理化学（理化）特性。

（1）水分子具有极性，所以能吸引其他极性分子，有时甚至能使后者离子化。因此，电解质的良好溶剂是水，携带营养物质进出机体的主要介质也是水，各种生化变化也大都在体液中进行。

（2）因水分子具有极性，彼此互相吸引，所以要将水的温度（水分子不规则动能的外部表现）提高一定数值，所要加入的热量多于其他物质在温度升高同样数值时所需的热量。这点对生物的生存是有意义的。正因水的比热大，生物体内化学变化放出的热便不致使体温骤升超过上限，而外界温度下降时也不会使体温骤降以至低于下限。水分蒸发所需的热量更大，因此植物的蒸腾作用和恒温动物的发汗或喘气，就成为高温环境中机体散热的主要措施。

（3）水分子的内聚力大，因此水也表现出很高的表面张力。地下水能借毛细管作用沿土壤颗粒间隙上升；经根吸入的水分在蒸腾作用的带动下能沿树干导管升至顶端，可高达几十米；一些小昆虫甚至能在水面上行走。

（4）水还能传导机械力。植物借膨压变化开合气孔或舒缩花器和叶片；水母和乌贼靠喷水前进；蠕虫的体液实际是一种液压骨骼，躯干肌肉施力其上而向前蠕行。

（5）水中绿色植物生存的必要条件是水的透明度。

（6）冰的比重小于液态水，因此在水面结成冰层时水生生物仍可在下面生活。否则气温低于0℃时，结成的冰沉积底部，便影响水生生物的生存。

水在陆地上的分布很不均匀，许多地区降雨量相差悬殊，而且局部气温也影响水分的利用。气温过高则水分的蒸发和蒸腾量可能大于降雨量，造成干旱；气温过低则土壤水分冻结，植物不能吸收，也形成生理性干旱。如果水中所含矿质浓度过高（高渗溶液），植物也不能吸收，甚至会将植物体液反吸出来，同样形成生理性干旱。海水中氧气、光照和一般营养物质都较陆地贫乏，这些是决定海洋生物分布的主要因子，但生物进化到陆地上，水却又变成影响生物分布的主要生态因子。降雨量由森林经草原到荒漠逐渐减少，生物也越来越稀少。

（二）植物与水分

关于植物与水分可以从以下三个方面来概述。

1. 土壤水

组合到植物体内的水体积与通过植物蒸发的量相比是极小的。有机体内进行代谢反应的必需条件是水合作用；水是介质，代谢反应发生在其中。对于陆生植物，水主要来源于土壤，土壤起了蓄水池的作用。当下雨或雪融化时，水进入蓄水池，并流进土壤孔隙。土壤水不是总能够被植物所利用。这取决于土壤孔隙的大小，土壤孔隙储水是通过毛细管作用力抗地心引力。如果孔隙宽，像在沙质土壤中，大量的水向下排走，穿过土壤剖面直到它到达不能渗透的岩石，然后积聚成为一个上升的水平面，或者排走，最后进入溪流或江河。土壤的田间持水量（field capacity）就是通过土壤孔隙抗重力所蓄积的水。田间持水量是土壤储水能力的上限，为植物生长提供可利用的资源。其下限是由植物竭尽全力从很窄的土壤孔隙中吸取水的能力所决定的，称作永久萎蔫点（permanent wihing point）——土壤水含量在这个点上，植物枯死，不能恢复。在植物物种间，在永久萎蔫点上土壤水含量在植物物种间没有明显的差异。土壤溶液中的溶质增加了属于毛细管作用力的渗透力，植物从土壤吸水时，吸水力和渗透力必需匹配。这些渗透力在干旱环境的盐溶液中变得更重要。此时，大量的水从土壤到大气向上移动，盐升到表面，产生渗透性的致死盐田。

2. 根对水的吸收

根从土壤中捕获水有两种方式。水可能穿过土壤向根移动，或者根生长穿过土壤向水移动。当根的表面从土壤孔隙吸取水时，在它的周围产生了水耗竭区。这成为互相连接的土壤孔隙间水的潜在梯度的决定性因素。水在这些毛管孔隙（capillary pore）中流动，按照梯度流进已耗竭的空隙，更进一步地给根供水。然后水穿过根的表皮进入植物，并越过皮质部，进入中柱，最后流进木质部导管到达茎轴系统。水从根到茎和叶的运输是由压力驱动的。这个简单过程的形成是很复杂的，因为根周围的土壤水耗竭越多，水流动的阻力越大。当根开始从土壤中吸水时，首先得到的水来自较宽的空隙中，这是由于这些空隙的水具有较弱毛细作用力。余留下能够流动水的是较窄的毛管孔隙，因而增加了水流的阻力。因此，当根从土壤中迅速吸水时，资源耗竭区（resource depletion zone）急剧地形成，水只能很慢地穿过它移动。这个原因导致迅速蒸发的植物在含有丰富水的土壤中也有可能枯萎。穿过土壤的根系分支的精细度和程度，在决定植物接近土壤储水上是重要的。这意味着同一个根系的不同部分在土壤中进一步向下走时，可能遇到具有不同力的水。在干燥地区偶然降雨时，土壤的表层可能达到了田间，下层处于或低于萎蔫点。这是潜在的危险，因雨后植苗在潮湿的土表中可能生长，但土质不能支持它进一步生长。生活在这样的栖息地的物种，出现了各种特殊适应的休眠终止机制，防止它们对不足的雨水有过快的反应。

大多数根向侧面生长之前已伸长，这确保了探测出现在吸水之前。分支根生长通常出现在主根的半径范围内，次生根从这些初级根上辐射生长，三级根从次生根上辐射生长。这些生长规律最大地探测了土壤，从而阻止两类分支根相互进入耗竭区的偶然性。植物在它的发育过程中，早期生长的根系能够决定它对未来事件作出的响应。发育早期被水浸泡过的植物，具有浅薄的根系，此根系的生长受到抑制，不能进入缺氧的、充满水的土壤部分。由于它们的根系没有生长到更深的土壤层，在短期供水的季节之后，这些植物可能遭受干旱。在主要供水来自偶然降雨的干燥环境中，生长了早期直根系统的植苗，它们几乎没有从随后而来的阵雨中得到水。相反，在有一些大阵雨的环境中，直根系统的早期发育将确保在干旱期能继续接近水。根吸收水的效力，部分应归于在发育过程中根适应的能力。这和茎轴的发育成明显的对比。

3. 水生植物与水

在淡水或咸淡水栖息地，水通过渗透作用从环境进入植物体内。在海洋环境中，一般植物与海水环境是等渗的，因而不存在渗透压调节问题。然而，在这个环境中有些植物是低渗透性的，以致水从植物中流出来进入环境，使它们与陆地植物处于相似的状态。因此，体内液体的调节对很多水生植物来说，是生死攸关的事情，这经常是耗能的过程。水生环境的盐度对植物的分布和梯度可能有重要的影响，特别是像河口这样的地方，在位于海洋和淡水栖息地之间有一个明显的梯度。

盐度对沿海陆地栖息地中的植物分布有重要的影响。植物物种对盐度的敏感性有很大的差异。鳄梨树对低盐浓度敏感（$20 \sim 50$mol/L），而某些红树林能够耐受 $10 \sim 20$ 倍大的盐浓度。这些植物物种在它们的土壤溶液中遇到的是高渗透压，因而面对的是摄取水的问题。很多这样的盐生植物在它们的液泡中累积些电解质，但在细胞质和细胞器中，这些浓度是低的。这些植物以这种方式维持了高渗透压，从而避免了受损伤。

（三）动物与水平衡

在动物水生态方面，水生动物的呼吸器官经常暴露在高渗或低渗水体中，会丢失或吸收水分；陆地动物排泄含氮废物时也总要伴随一定的水分丢失；而恒温动物在高温环境中主要靠蒸发散热来保持恒温，这些都要通过水代谢来调节。

大多数无脊椎动物的体液渗透势随环境水体而变，只是具体离子的浓度有所差异。其他水生动物特别是鱼类，其体液渗透势不随环境变化。海生软骨鱼血液中的盐分并无特殊，但却保留较高浓度的尿素，因而维持着略高于海水的渗透势。它们既要通过肾保留尿素，又要通过肾和直肠腺排出多余的盐分。之所以不存在失水的问题，是因为渗透势较海水略高。海生硬骨鱼体内盐分及渗透势均低于海水。其体表特别是鳃，透水也透离子，一方面是渗透失水；另一方面离子也会进入。海生硬骨鱼大量饮海水，然后借鳃膜上的氯细胞将氯及钠离子排出。淡水软骨鱼的体液渗透势高于环境，其体表透水性极小，但不断有水经鳃流入。它靠肾脏排出大量低浓度尿液，并经鳃主动摄入盐分，来维持体液的相对高渗。某些溯河鱼和逆河鱼出入于海水和淡水之间，其鳃部能随环境的变动由主动地摄入变为主动地排出离子，或反之。

具有湿润皮肤的动物（如蚯蚓、蛞蝓和蛙类）经常生活于潮湿环境，当暴露于干燥空气时会经皮肤迅速失水。在陆地上最兴旺的动物应属节肢动物中的昆虫、蜘蛛、多足纲和脊椎动物中的爬行类、鸟类、哺乳类。昆虫、蜘蛛的肤质外皮上覆有蜡质，可防蒸发失水，含有尿酸的尿液排至直肠后水分又被吸回体内，尿酸以结晶状态排出体外。它们在干燥环境中可能无水可饮，主要水源是食物内含水及食物氧化水便。某些陆生昆虫甚至能直接自空气中吸取水分。很多爬行动物栖居干旱地区，它们的外皮虽然干燥并覆有鳞片，但经皮蒸发失水的数量仍远多于呼吸道的失水。它们主要靠行为来摄水和节水，例如，栖居于潮湿地区，包括荒漠地区的地下洞穴。爬行类和鸟类均以尿酸形式排出含氮废物，尿酸难溶，排出时需尿液极少，从而减少失水。因恒温调节需要更多的水分供应是鸟和哺乳类。除某些哺乳动物为降温而排汗外，鸟和哺乳类的失水主要通过呼吸道。某些动物的鼻腔长，呼气时水分再度凝结在温度较低的外端的鼻腔壁上。它们也主要靠行为来节水，这包括躲避炎热环境。

三、河流生态系统

自然生态系统各式各样，是受地理位置、气候及下垫面的影响。一般来说，河流生态是水生态的一种，了解河流生态的特点及其生态结构对于流域治理有重要意义。

在地球上散布着大小、方圆、深浅不一的淡水水域，面积共约4500万 km^2，只占水域总面积的 $2\% \sim 3\%$。虽然面积不大，但它在整个生物圈中占有重要的地位。自古以来，人类傍水而居，世代相传，淡水生态系统通常是相互隔离的，它包括湖泊、池塘、河流等。流水生态系统又可进一步分为急流的和缓流的两类。急流的水中含氧量高，水底没有污泥，以防止被水冲走。

流水生态是河流生态系统的特点。河水流速比较快，冲刷作用比较强。生物为了在流水中生存，在形体结构上相应地进化。河流中存在不同类型的介质，包括水本身、底泥、大型水生植物和石头等，从而为不同类型的生物提供了栖息场所。河流中的杂物、碎屑等提供了初级的食物。河流生物的多样性就是这些基本条件造就的。

河流生态系统另一个显著的特点是其很强的自我净化作用。河流流水特点使得河流复氧能力非常强，能够使河流中的各种物质得到比较迅速的降解；河流的流水特点也使得河流稀释和更新的能力特别强，一旦切断污染源，被破坏的生态系统能够在短时间内得到自我恢复，从而维持整个生态系统的平衡。

（一）大型水生植物

大型水生植物分为两类：一类是浮游类，另一类是根生类。最常见的是水草，有根生且全部淹没在流水中的水草；有根生但是叶子漂浮在水面，常出现于浅水河流；也有完全悬浮漂游的水草，常见于流动比较缓慢的河流。其他主要的植物包括苔藓、地衣和地线。这些植物虽然没有根，但是长有头发状的根须（类似于根），能够渗透缠绕在河床石头的裂缝隙之间，合于流水环境。

（二）微型植物

藻类是最常见的微型植物，单体肉眼看不到，一般在 $1 \sim 300\,\mu m$，生长机制比较简单，但是形态特征多种多样。藻类能够生长在任何适合生长的地方，可以附着在河床石头等介质，可以附着在桥墩、电缆和船舶外体等，甚至能够附着大型植物表面，呈现单体、线状或者片状等。由于流水比较急，藻类无法像在水库静态水体中那样进行迅速繁殖而形成"水华"。即使偶尔发现一些，也是曾经附着而受冲刷作用脱落下来的。河流中一些动物的食物来源是藻类。

（三）河流动物

河流动物主要包括软体动物、蠕动动物、甲壳类动物、昆虫、鱼类等以及微型动物，微型动物主要是原生动物，以腐生细菌和腐生物质为食物。河流动物的形体一般呈现流线以尽量减小流水中的阻力；有的生物具有吸盘状或者钩状的结构，能够附着在光滑的石头表面。

（四）细菌和真菌

细菌和真菌微生物生长在河流中的任何地方，包括水流、河床底泥、石头和植物表面等。细菌和真菌在河流中起着分解者的角色，将死亡的生物体进行分解，维持自然生态循环。河流有各种自养微生物，主要的自养细菌包括铁细菌、硫细菌、硝化和反硝化细菌等。

（五）河岸生态

河流生态的重要组成部分是河岸生态。河岸植被包括乔木、灌丛、草被和森林等。两岸植被能够阻截雨滴溅蚀，减小径流沟蚀，提高地表水渗透效率和固定土壤等作用，从而大幅度减少水土流失。一般来说，当植被覆盖率达到50%～70%，就能够有效地减少水流侵蚀和减少土壤流失；当植被覆盖率达到90%以上，水沙就能够完全控制住了。另一方面，茂盛的岸边植被保护了河岸，但是可能为河床的下切创造了条件。在河床本身，如果生长有植物，例如，被树干壅塞，则可能加强河水的侧蚀作用，使河流变宽，以致逐渐消亡。

如果植被减少，则河水的侵蚀和搬运能力显著加强，水系上游的侵蚀程度增大，而在中游和下游的泥沙堆积随之增加。河床的泥沙堆积还可能导致地下水水位下降，从而影响中下游河流附近的植被生存，严重时导致植被破坏。为河中的鱼类提供隐蔽所和食饵的主要是岸边的树木植被。

四、水环境与水生态的关系

要弄清楚水环境与水生态的关系，关键需要介绍生物体水分平衡机理。生物体内必须保持足够的水分，在细胞水平上要保证生化过程的顺利进行，在整体水平上要保证体内物质循环的正常运转。而且，水分与溶质质点数目间必须维持恰当比值（渗透势），因为细胞内外的水分分布是由渗透势决定的。在多细胞动物中，细胞内缺水将影响细胞代谢，细胞外缺水则影响整体循环功能。

生物体内的水分平衡取决于摄入量和排出量之比。生物受水分收支波动的影响还与体内水存储量有关；同样的收支差额对存储量不同的生物影响不同：存储量较大的受影响较小，反之则较大。对水生生物来说，水介质的盐度与体液浓度之比，决定水分进出体表的自然趋向。如果生物主动地逆浓度梯度摄入或排出水分，就要消耗能量，而且需要特殊的吸收或排泌机制。对陆地生物来说，空气的相对湿度决定蒸发的趋势，但液体排泌大都是主动过程。大多数生物的体表不全透水，特别是高等生物，大部分体表透水程度很差，只保留几个特殊部分作为通道。在植物，地下根吸水，叶面气孔则是蒸腾失水的主要部位，它的开合可调节植物体内的水量。在较高等动物，饮水是受神经系统控制的意识行为，水与食物同经消化道进入体内，水和废物主要经泌尿系统排出。其他营养物质出入的途径是生物体的某些水通道，例如，光合作用所需 CO_2，也经叶面气孔摄入。因此光合作用常伴有失水。相比之下，陆地动物呼吸道较长，进出气往复运动，这使一部分水汽重复凝集于管道内。不过水生动物的鳃却经常暴露在水中，在高渗海水中倾向失水，在淡水中则摄入大量水分。

研究表明，生物发源于水，志留纪以后，先后进化到陆地上来是植物和动物。水分相对短缺是它们上陆后面临的首要问题。低等植物的受精过程一部分要在水中进行，因此它们只能生长在潮湿多水的地区。高等植物有复杂的根系可从土壤中吸水，有连续的输导组织向枝干供水，传粉机制出现后受精过程可以不用水为媒介。但与动物相比，植物仍有不利处，因为大气中仅含 0.03% 的 CO_2（0.23mmHg），它经气孔向内扩散的势差极小，而水分向外扩散的势差却比它大百多倍（24mmHg），所以植物进行光合作用吸收 CO_2 时经常伴有大量的水分丢失。动物呼吸时，外界空气含 21% 的氧（159mmHg），氧气经气孔向内扩散的势差比水分向外的势差大 6 倍多，因此动物呼吸时的失水问题较小。很多昆虫的幼虫仍栖息水中，两栖类的幼体也仅生活于水体内。不过，陆生动物的体内受精解决了精卵结合需要液体环境的问题。动物还可借行为来适应环境，包括寻找水源、躲避日晒以减少失水等。总之，植物水分生态和动物水分生态不仅有共性，还各有特点。

由此可见，水环境与水生态的关系体现在两个方面：一方面是生态系统的生态环境功能；另一方面是水资源对生态系统的重要作用。生态系统的生态环境功能包括：①涵养水源；②调蓄洪水；③保育土壤，防止自然力侵蚀；④调节气候；⑤降解污染；⑥有机物质的生产。水资源对生态系统的重要作用体现在：①水资源对陆地自然植被的重要性；②水资源对湿地生态系统的重要性。

第二节　新时期水利工程条件下河道污染物的迁移转化

河流生态比较容易受到外来污染的影响，是因为河水的流动特性。一旦发生污染，很容易波及整个流域。河流生态被污染以后的后果比较严重。会影响周围陆地的生态，影响周围地下水的生态，影响流域水库的生态，也会影响其下游河口、海湾、海洋的生态系统。因此河流生态系统的污染，其危害远比水库等静态水体大。

例如，2004 年 2 月，导致沱江严重污染的主要原因是四川某化工将大量高浓度氨氮废水排入沱江支流毗河，这是中华人民共和国成立以来少有的特大污染事故。近百万民众生活饮用水中断，鱼类大量死亡，大批企业被迫停产，直接经济损失 2 亿多元人民币。根据有关方面的估计，全世界外流河每年输运进入海洋的溶解性物质达到数百亿吨左右。

河流污染来源主要是包括：①工业化造成的，工业化过程需要大量的水，而水将大量污染物质带入河流；②城镇生活，初期城镇功能不完善，大量雨水、生活污水和垃圾进入河流，导致河流的污染；③农业使用大量农药和化肥，现代农业开发也导致河流污染等，大量化肥流入可能导致河道植物大量生长，导致水体富营养化，农药则可能对水生生物造成短期和长期的危害，污染还包括牲畜养殖屠宰等粪便、污水、垃圾等；④水库高位蓄水与电厂循环水可能造成水温污染。

本节主要介绍河道中污染物的迁移转化规律，包括泥沙对污染物的传输、有机物的迁移转化、河床底泥化学变化过程、重金属离子污染物的迁移转化、河流活性金属元素铁的变化、营养盐的累积输送和释放等内容。掌握不同水环境中污染物的迁移转化规律，对于水污染控制和水环境治理具有重要意义。

一、泥沙对污染物的传输

河水中大部分污染物都与胶体和颗粒物结合在一起，结合率通常大于50%。所以，决定河水系统中的污染物分布和归宿的一个主要控制机制是吸附作用。吸附作用也涉及其他的化学过程，例如，沉淀、共沉淀、凝聚、絮凝、胶化和表面络合等。

河流能够挟带大量的泥沙和溶解性物质，进行远距离搬运输送。泥沙和溶解物质的产生和搬运的特征可以归纳为大小、时间、历时和频率等方面。洪水对泥沙的作用是突发性的，一次洪水在几天之内所输送的泥沙可能超过几年内所输送的泥沙数量。

对河流污染物的传输起着决定性的作用是悬移式泥沙。细颗粒的泥沙吸附能力比较强，能够吸附大量有机污染物和营养盐。细颗粒的泥沙容易随着河水传输比较远的距离。因此，一个颗粒实际输运迁移的距离是非常重要的信息，但是受许多因素的影响，细小悬浮颗粒平均输送距离是10000m/a，沙子是1000m/a，卵石是100m/a。

河底积泥也对污染的储存、迁移和转化起着重要的作用，而且受许多因素的影响，包括外在因素和内部因素。外在因素包括流域地质条件、地貌、土壤类型、气候变化、土地开发，以及河流管理调度等。内部因素包括颗粒尺寸、河床结构、河岸材料、植被特征、河边植被、河谷坡度、河道形态、沉积泥沙的形态。

尽管沉积物也迁移输送，但相对来说，沉积物处于沉降状态的时间比其迁移的时间长得多。因此，在长期暴露或者发生风化以及生物作用下，与沉积物结合的污染物可能会释放进入环境。

二、有机物的迁移转化

有机物的变化有很多，包括浓度变化、沿程动态变化、输送特征、流动通量，以及与流域面积的关系等。有机物作为载体和配位体，对许多无机污染物和有毒有害有机物的输送迁移起着重要的作用。有机污染物与沉积物颗粒之间存在一个动态相互作用关系，主要包括分配过程、物理吸附和化学吸附过程等，从水相转移至沉积物固相中。当水体条件发生改变时，例如，化学条件或者生物反应，沉积物相的有机物可能重新释放进入水相，造成二次污染。降雨能够导致河流有机物含量增加：①降水通过地表漫流将地表污染物冲刷进入河流；②降水径流形成侧向淋溶将土壤表层的水溶性有机物冲进河道。尽管河水对河流具有一定的稀释作用，但在大多数情况下，有机物浓度都呈升高变化，尤其在每年的前几场降雨期间，有机物负荷比较大。有机物在水体与沉积物之间的平衡关系通常采用分配系数表示如下：

$$K_d = \frac{C_s}{C_l} \tag{5-1}$$

式中　K_d——有机物分配系数；

C_s——有机物在固相沉积物中的浓度；

C_l——有机物在水相中的平衡浓度。

由于有机物的吸附分配主要受有机质的含量控制，设有机质含量用 f_{oc} 表示，则有机污染物分配系数表示为

$$K_{OC} = \frac{K_d}{f_{OC}} \tag{5-2}$$

其中 K_{oc} 和 f_{oc} 都以有机碳为质量单位。

有机污染物的分配系数可以通过摇瓶实验法直接测定，或者通过其与有机物辛醇—水分配系数（K_{ow} 的相关关系进行估算，金相灿通过研究获得如下关系式：

$$\lg K_{oc} = 0.944 \lg K_{ow} - 0.485 \tag{5-3}$$

其中辛醇—水分配系数 K_{ow} 能够从常见的化合物手册中查得。

有机物被微生物降解分为两种状态，一种是在好氧状态下，另一种是在厌氧状态下。在好氧状态下，有机物会被好氧微生物逐渐降解，分解转化为无机物。降解过程需要消耗水中的溶解氧。如果水复氧速

率小于氧的消耗速率，则水体中溶解氧将逐渐降低。当溶解氧耗尽后，水体将转为厌氧状态。在厌氧状态下，有机污染物受厌氧微生物作用，转化产生有机酸、甲烷、二氧化碳、氨、硫化氢等物质，这些化学物质导致河流水体变黑变臭。

三、河床底泥化学变化过程

污染物的载体是河流底泥，被吸附的污染物在条件改变后可能重新释放，因此又是重要的内源性污染物源。底泥污染直接影响底栖生物质量，从而间接影响整个生物食物链系统。

沉积物与污染物，例如，重金属、有毒有机物和氮磷化合物等在固水两相界面进行着一系列的迁移转化过程，例如，吸附—解吸作用、沉淀—溶解作用、分配—溶解作用、络合—解络作用、离子交换作用以及氧化还原作用等，其他过程还包括生物降解、生物富集和金属甲基化或者乙基化作用等。

底泥主要由矿物成分、有机组分和流动相组成。矿物成分主要是各种金属盐和氧化物的混合物；有机组分主要是天然有机物例如，腐殖质和其他有机物等；流动相主要是水或者气。发挥着最为重要的作用是沉积物中的自然胶体，它们是黏土矿物、有机质、活性金属水合氧化物和二氧化硅的混合物。

有机质性的沉积物具有对重金属、有机污染物等进行吸附、分配和络合作用的活性作用。有机质中的主要成分是腐殖质，占 70% ~ 80%。腐殖质是由动植物残体通过化学和生物降解以及微生物的合成作用形成的。腐殖质以外的 20% ~ 30% 的有机质主要是蛋白质类物质、多糖、脂肪酸和烷烃等。

腐殖质化学结构主要是羧基（CO-OH）和羟基（OH）取代的芳香烃结构，其他烷烃、脂肪酸、碳水化合物和含氮化合物结构都直接或者通过氢键间接与芳香烃结构相连接，没有固定的结构式。腐殖质能够通过离子交换、表面吸附、螯合、胶溶和絮凝等作用，与各种金属离子、氧化物、氢氧化物、矿物和各种有机化合物等发生作用。

有机质虽然只占沉积物的很小一部分，约2%。但是，从表面积来看，有机质占据了约90%。因此，有机质在沉积物与周围环境的离子、有机物和微生物等相互作用中起着主要的作用。例如，氧化铝颗粒吸附有机质后，其等电点pH值从9下降至5左右。这说明沉积物表面的负电荷与有机质的阴离子基团相关。

四、重金属离子污染物

重金属离子对河流生态影响比较大，因为它们具有比较强的生态毒性。重金属离子的来源主要有：①地质自然风化作用；②矿山开采排放的废水和尾矿；③金属冶炼和化工过程排放的废水；④垃圾渗滤液等。

重金属在沉积物中主要以可交换态、有机质结合态、碳酸盐结合态、（铁、锰和铝）氧化物结合态以及其他形式存在。重金属离子在输送过程中存在着几个过程：吸附与解吸、凝聚与沉积、溶解与沉积等。计算输送通量时，需要考虑具体过程和对应边界条件。

水体中的金属离子以多种形态存在。研究表明，黄河中重金属99.6%的以颗粒态存在。颗粒形态对重金属有影响，颗粒粒径分为大于50μm、大于32μm、大于16μm、大于8μm、大于4μm、小于4μm等，结果表明，颗粒粒径越小，金属含量越大，大于50%的金属吸附小于4μm的颗粒表面上。

重金属在沉积物和土壤中一个非常重要的迁移转化过程是吸附—解吸。大量研究表明，当重金属浓度比较高时，金属的沉淀和溶解作用是主要的，而在浓度比较低时，吸附作用是金属污染物由水相转为固相沉积物的重要途径之一，此时，金属污染物在水体中溶解态浓度往往很低。各种环境因素，例如，pH值、温度、离子强度、氧化还原电位和土壤沉积物粒径和有机质含量等会不同程度地影响重金属的吸附和解吸过程。尤其是有机质，对重金属的吸附产生重大影响，是由于其分子含有各种官能团。

根据情况，重金属的吸附—解吸过程可以分别利用以下两种模型进行定量描述。

langmuir 模型：

$$\frac{x}{m} = \frac{bKC}{1 + KC} \tag{5-4}$$

Freundlich 模型：

$$\frac{x}{m} = KC^n \tag{5-5}$$

式中 $\dfrac{x}{m}$ ——单位沉积物的吸附量；

　　b ——饱和吸附量；

　　K ——吸附系数；

　　C ——平衡浓度；

　　n ——吸附指数。

重金属污染物进入天然河流水体后，很快迁移至底泥沉积物中。因此，重金属污染物在河流中迁移输送的主要载体和主要归宿是底泥。悬浮物粒度越细，输送距离越长。不同深度的底泥中其重金属含量不同，其分布曲线能够反映重金属污染和积累的历史。

重金属离子在一定条件下，能够从底泥中重新释放出来。在重金属从底泥释放过程中，主要是生物氧化还原反应和有机物络合反应，同时伴随着各种类型的生物化学反应。微生物在厌氧—兼氧—好氧状态之间进行转换，导致重金属离子氧化还原状态发生变化，由沉淀状态转化为溶解状态；同时，厌氧过程产生具有比较强的络合能力的有机物酸分子，pH 值下降，氢氧化物重新溶解；另外，有机酸通过络合作用使非溶解态的重金属离子转变为溶解性的形式。微生物还能够直接以金属离子为电子共体或者受体，改变重金属离子的氧化还原状态，导致其释放。释放出来的金属离子，在一定条件下，重新进行氧化、络合、吸附凝聚和共沉淀等，从而使溶解态的重金属离子浓度再度下降。因此，在释放过程中，水相存在重金属离子的浓度峰值，重金属离子的释放浓度由低逐渐升高然后再由高逐渐降低，直至达到平衡。其他因素，例如，水力学冲刷、底泥疏浚，以及某些地区发生的酸沉降等都会不同程度地影响重金属离子的形态和转化。

五、河流活性金属元素铁的变化

铁和锰称为河流中活性金属元素，其浓度随着河流条件变化而变化。通常在雨季流量比较大，而在旱季流量比较小。在高流量情况下，溶解氧浓度比较高，铁浓度比较低但含量比较高。例如，洪水季节，河流中铁的含量甚至占一年中的 65% 以上，而且主要由腐殖质所携带。由于底泥中的富含铁的孔隙水溢流出来所致，河水中铁的浓度在旱季比较高。

铁在含氧水中主要由腐殖质所携带。铁倾向于与溶解性的高分子相结合。在天然水中，铁离子的浓度通常是非常低的。但是，水中溶解性的三价铁离子浓度比根据溶解平衡所预测的高许多，这主要是由于三价铁和有机物形成有机络合物所致。有机物含有羧基和羟基官能团，能与铁络合。除增加溶解性铁的浓度外，这些络合物还可能抑制铁氧化物的形成和铁与磷之间的反应。这些都会影响铁和与铁相关的微量金属和磷的浓度、反应活性和迁移过程。

在底泥孔隙中，以厌氧状态为主，铁离子主要以亚铁离子形式存在。而好氧/厌氧边界区接近于底泥表面，尽管是一个比较薄的层区，却是有机铁胶体形成的最重要的地方，也是物质化学转换和循环的关键地方。

当然，影响到有机物的命运，有机物中铁的含量也不例外。铁在细菌分解代谢有机物过程中发挥着重要的作用。有机铁络合物也容易吸收紫外光而发生光化学反应。较高的含铁量也能够促进腐殖质的絮凝和沉淀。后者被认为是河床截留有机物的一个主要途径。因此，关于有机铁胶体的形成、迁移和归宿方面尚需要更多更深入的研究。

影响着河水和河底积泥孔隙水中的铁及其他物质的浓度也有微生物。微生物的活性在温度比较高的夏季达到高峰。此时，河床中有机物被氧化，同时消耗了底泥中的溶解氧，导致厌氧状态，引起铁氧化物和锰氧化物的离解。在冬季，温度比较低，细菌活性降低，底泥重新回到氧化状态。

尽管河底积泥主要来自河水中悬浮物质的沉淀，但是，铁在积泥的含量可能与悬浮物质中铁含量差别很大，主要是由于水生植物和微生物的生长和代谢分解，以及不溶物质的进一步沉淀和一些物质的离解等所致。

六、营养盐的累积输送和释放

磷在沉积物中主要有两种存在方式，一种是无机态磷，另一种是有机态磷，无机磷主要包括钙、镁、铁、铝形式的盐，有机磷主要是以核酸、核素以及磷脂等为主，此外还有少量吸附态和交换态的磷。磷的形态影响到磷的释放特性和生物有效性。在河流水体中，一般以铁磷浓度比较高，钙磷浓度其次，铝磷浓度最低。沉积物中磷和氮化合物的迁移转化过程主要包括各种化学反应和物理沉淀过程，反应包括吸附、生物分解和溶出过程，物理过程主要是沉淀、分配和扩散等过程。磷迁移的载体、沉积的归宿和转化的起点是沉积物。

我国在滇池的监测表明：① 6—9 月的降雨量占全年降雨总量的 70% ~75%；②绝大部分污染物包括 BOD_5、COD、氨氮、泥沙等是径流负荷总量的 85% ~89%，可溶性的磷占 65%，暴雨期间，径流侵蚀非常严重，磷的浓度是平时的 100 倍以上；③滇池周围泥沙携带大量氮和磷，总氮的平均浓度为 1.47kg/t，占径流总氮的 22%，泥沙携带的总磷的平均浓度是 0.7kg/t，占径流总磷的 66% 中大部分由洪水输出的磷为颗粒状态，占 80% 以上。

胶体表面的正电荷金属阳离子，例如，钙、铝和铁离子与溶液中各种磷酸根结合形成不溶性的盐沉淀吸附在颗粒表面，是沉积物从水中吸附可溶性磷酸盐和多磷酸盐的主要机制。被吸附的磷和氮以悬浮物的形式长途输送，并沉淀在水库水体中。

但是，水体环境发生变化时，积累在沉积物的氮和磷会重新释放出来，加剧水体富营养化现象。氮和磷释放的机制是有区别的，氮的释放主要与沉积物表面的生物降解反应程度相关，含氮有机物被微生物分解为氨态氮，或者在好氧条件下转变成为硝酸态氮。而磷的释放取决于不溶性磷酸盐（主要是钙盐、铝盐和铁盐）重新溶解的环境条件，一旦条件具备，磷就开始被释放。厌氧环境能够促进磷的释放，尤其是当铁盐是主要成分时，厌氧磷释放速率可以达到好氧条件磷释放的 10 倍以上。而对于铝盐，pH 值的影响是主要原因。磷酸根释放的原因是过低的 pH 值将促使铝盐溶解。钙盐态的磷虽然不容易释放，但是可以通过植物本身的吸附转化和代谢而被吸收和释放，同样可能促进水体的富营养化。

从河床沉积物中被释放出来的营养盐首先进入沉积物的孔隙水，然后逐渐扩散至沉积物与水的交界面，进而向水体其他部分混合扩散。河床积泥孔隙水的成分与河水流量有关。在河水流量比较高时，孔隙水与河水交换速度快，孔隙水中各种物质的浓度与其他季节相比较低。在小河中，河底积泥孔隙水在较短的时间内与河水达到平衡。河底积泥孔隙水成分与河床组成和形态有关。因此，水体的扰动能够加快营养盐的扩散过程。孔隙水也受到地下水的影响。在旱季，可能变为河水补给的主要源泉是地下水。

第三节　生物多样性及水利工程生态学效应

一、生物多样性

生物多样性有四个方面，包括遗传基因的多样性、生物物种的多样性、生态系统的多样性以及生态景观的多样性。生态系统的多样性主要包括地球上生态系统组成、功能的多样性以及各种生态过程的多样性，包括生境的多样性、生物群落和生态过程的多样化等多个方面。其中，生态系统多样性形成的基础是生境的多样性，生物群落的多样化可以反映生态系统类型的多样性。由此可见，生物多样性是指一定范围内多种多样的有机体（动物、植物、微生物）有规律地结合所构成稳定的生态综合体。随着全球物种灭绝速度的加快，物种丧失可能带来的生态学后果备受人们关注，当前生态学领域内的一个重大科学问题是生物多样性与生态系统功能的关系。大量实验结果表明，多样性导致更高的群落生产力、更高的系统稳定性和更高的抗入侵能力。但是对生物多样性的形成机制目前国际上尚无统一的认识，有关生物多样性形成机制的相关理论研究基本上还处在提出假设并对假设进行论证。

20 世纪 90 年代起开始采用理论、观察和实验等综合手段对生物多样性开展系统的研究。进入 21 世纪以来，关注的重点主要集中在以下几个方面：

（1）长时间尺度上的物种多样性—生态系统功能关系。

（2）非生物因素与多样性—生产力的交互关系。

（3）营养级相互作用对于多样性—生态系统功能关系的影响。

（4）物种共存机制在多样性—生态系统功能关系形成中的作用。

由于生态效应的长期性，针对以上四方面问题所开展的研究要取得重大突破还有赖于观测资料的长期积累。

河流生态系统指河流水体的生态系统，属流水生态系统的一种，是陆地与海洋联系的纽带，在生物圈的物质循环中起着主要作用。河流生态系统水的持续流动性，使其中溶解氧比较充足，层次分化不明显。主要具有以下特点：

（1）具有纵向成带现象，但物种的纵向替换并不是均匀的连续变化，特殊种群可以在整个河流中再出现。

（2）生物大多具有适应急流生境的特殊形态结构。表现在浮游生物较少；底栖生物多具有体形扁平、流线性等形态或吸盘结构；适应性强的鱼类和微生物丰富。

（3）与其他生态系统的相互制约关系非常复杂，表现在两方面。一方面表现为气候、植被以及人为干扰强度等对河流生态系统都有较大影响；另一方面表现为河流生态系统明显影响沿海（尤其河口、海湾）生态系统的形成和演化。

（4）自净能力强，受干扰后恢复速度较快。生态效应的逐渐显现使水利工程的长期生态环境影响受到高度重视。

二、水利工程的生态效应

水利工程包含防洪工程、灌溉工程、输水引水工程、水力发电工程等，但最多且有代表性的是筑坝蓄水以进行防洪、灌溉和发电的工程。水利工程产生的生态效应主要体现在两个方面：一方面是对水生态系统中的环境产生影响；另一方面是对水生态系统中的生物产生影响。这两方面的影响既有正面影响，也有负面影响。

（一）环境效应

水利工程建设和运行将会形成三方面的效应分别是水文效应、湖沼效应和社会效应。由此产生水生物栖息地的直接改变和水文、水力学要素等方面的变化以及上述变化所导致的对环境的间接影响等。

1. 水文效应

在河流上筑坝截水，改变洪水状况，削减洪峰，降低下游洪水威胁，保障人民的生命财产安全；但另一方面也会改变河流的水文状况和水力学条件，从而导致季节性断流，或增加局部河段淤积，或使河口泥沙减少而加剧侵蚀，或咸水上溯，污染物滞流，水质也会因此而有所改变。

2. 湖沼效应

筑坝蓄水形成人工湖泊，会发生一系列湖泊生态效应。淹没区植被和土壤的有机物会进入库水中，上游地区流失的肥料也会在库水中积聚，库水的营养物逐渐增加，水草就会大量增加，营养物就会再循环和再积聚，于是开始湖泊的富营养化过程；河流来水中含有的泥沙逐渐在水库中沉积，水库于是逐渐淤积变浅，像湖泊一样"老化"；水库的水面面积大，下垫面改变，水分蒸发增加，会对局部地区小气候有所调节。我国学者曾对辽宁石佛寺水库的温度、湿度做过定量计算，认为石佛寺水库温度影响距离为 5km，平均日温度影响值为 $-2.0 \sim -3.0$℃，湿度变幅为 10% ~ 20%，水库水面蒸发量增加还可能增加降雨量。若增加的水汽与外来水汽加合，产生的增雨效果则更显著一些。

3. 社会效应

水库水坝工程都会造福一方或致富一群（人）。水力发电代替火力发电，减少 CO_2 的排放量，降低温室效应，净化了空气。例如，三峡水利枢纽工程如与同等装机容量火电机组相比，三峡电站每年发出的电能，相当于少消耗 5000 万 t 燃煤，减排 1 亿 t 二氧化碳。灌溉改变了灌区的生态条件，大多数灌区已成为鱼米之乡，显然是对生态的改善。大多数拦流闸坝枢纽形成新的生态与环境，成为区域性的景观工程。供水直接为人的生存服务，引水至村镇内，也为村镇内居住环境的改善起到明显的作用。带有小型水电站的拦河坝，也可起到以电代柴和以水电代火电的作用。但其另一方面更不容忽视。首先，大型水利工程往往会造成成千上万的人口搬迁，大都是因失去土地而必须迁居他乡的农民。这些人迁往哪里，会对那里的环境造成什么样的影响，他们的生计如何，往往是一个有始无终的问题。有报道称，中华人民共和国成立后兴修水利造成的移民问题真正解决好的并不是很多，有很多人在迁出一段时间后，又都回迁到原籍，于是开始没有平地就开垦坡地，没有耕地就砍伐山林的新活动方式。其结果，不仅这些人生计艰难，而且造成的水土流失等问题严重威胁水利工程的效益和安全；其次，水利工程改变区域的生产与生活方式，会使区域社会经济生活发生很大变化，如人口的更新迁移与聚集，城镇兴起与发展，土著居民生产生活发生变化等。尤其是水利工程因重新分配了用水权、用水方式，无论怎样平衡，都会是有的受益，有的受损，因此引发的社会矛盾问题有时还会十分激化。

著名的案例——阿斯旺大坝，相对于生态与环境而言阿斯旺大坝是有着一定的积极作用的，大坝竣工之前，由于季节的干湿变化，在每天的交替时，河流两岸的植物都会有着周期性的变化；而水库竣工后，原本水库周围的沙漠沿湖带在 5300km 以上，7800km 以下的植被区开始逐渐茂盛起来，除了有大量的野生动物被吸引过来，也促使了湖岸更加稳固，同时水库也因此沙漠的环绕受到了有效的保护，且水土保持较好。不过，20多年后的大坝却开始呈现出了一定的隐患，且时间越久，所造成的破坏及影响越大。所造成的环境、生态的影响以及对国家经济所造成的损失有以下几点：

（1）相对于流域而言，此工程使其周边土质的肥力于呈现出直线下降的趋势。原本在没有此工程前，受季节性的变化的河水可以促使农业在尼罗河的下游区域得到充足的肥力以及水分。但是，大坝的落成尽管不会让农田作物出现干旱的迹象，但水库的上游有大量的泥沙淤积，下游的流域无法获取养分，因此导致土地没有充足的肥力补给而日渐下降。

（2）大坝工程结束后，在尼罗河的两岸土壤呈现出盐碱化的状态。原因是没有了河水的冲击，土壤内所含有的盐分就算雨季时的河水也无法将其带走，加上地下的水位也因持续的灌溉而有所上升，地表上出现来自土壤深处的盐分也越来越多，同时灌溉的水资源中除了有一定的盐分也有较多的滑雪残留物，所以，最终使土壤出现盐碱化。

（3）以尼罗河的河水为生活用水的居民的健康因水质的变化而受到威胁。从水质和物理性质来看，大坝的修建前与修建后，其变化差异还是挺大的，水库中的水大面积蒸发只是其水质因大坝修建后所发生变化的原因之一，另外，农民因土地的肥力无法满足耕地的需求，因此用人工施肥的方式来增加土壤的肥力，而其残留化学物质有部分却在水资源的灌溉过程中被带入尼罗河内，而河内的营养度也随着氮与磷的含量上升而愈发丰富，下游河水中植物性浮游生物的平均密度增加了，由160mg/L上升到250mg/L。此外，土壤盐碱化导致土壤中的盐分及化学残留物大大增加，即使地下水受到污染，也提高了尼罗河水的含盐量。这些变化不仅对河水中生物的生存和流域的耕地灌溉有明显的影响，而且还毒化尼罗河下游居民的饮用水。

（4）水生植物及藻类到处蔓延是由于河水性质的改变，不仅蒸发大量河水，还堵塞河道灌渠等。河水流量受到调节使河水混浊度降低，水质发生变化，导致水生植物大量繁衍。这些水生植物不仅遍布灌溉渠道，还侵入主河道。它们阻碍着灌渠的有效运行，需要经常性地采用机械或化学方法清理。这样，又增加了灌溉系统的维护开支。同时，水生植物还大量蒸腾水分，据埃及灌溉部估计，每年由于水生杂草的蒸腾所损失的水量就达到可灌溉用水的40%。

（5）尼罗河下游的河床遭受严重侵蚀，尼罗河出海口处海岸线内退。大坝建成后，尼罗河下游河水的含沙量骤减，水中固态悬浮物由1600ppm降至50ppm，混浊度由30～300mg/L降为15～40mg/L。河水中泥沙量减少，导致了尼罗河下游河床受到侵蚀。大坝建成后的12年中，从阿斯旺到开罗，河床每年平均被侵蚀掉2cm。预计尼罗河道还会继续变化，大概要再经过一个多世纪才能形成一个新的稳定的河道。由于河水下游泥沙含量减少，再加上地中海环流把河口沉积的泥沙冲走，尼罗河三角洲的海岸线不断后退。

（二）生物效应

水利工程的生物效应有以下两方面。

一方面，水利工程对生物的影响是使建设地及上、下游的环境发生变化，部分影响或打破了原有的生态平衡，而逐渐产生新的生态平衡。这种变化具有双重性，即正面影响和负面影响。水利工程具有保护生态的替代效应。拦河闸坝建设后才出现新的深水区和浅流区，替代了原河道的深潭和浅滩，会产生新的水生生物物种；过坝水流的掺氧净水作用也有利于鱼类等水生物的生长。例如，美国科罗拉多河在修建格伦峡谷大坝后，8种本地鱼种有3种消失，但又增加另外2种新鱼种。

另一方面，水利工程无论是用于防洪、发电、供水还是灌溉都趋于使水文过程均一化，改变了自然水文情势的年内丰枯周期变化规律，这些变化无疑影响了生态过程。首先，大量水生物依据洪水过程相应进行的繁殖、育肥、生长的规律受到破坏，失去了强烈的生命信号。例如，河流的动荡，使河水的温度和化学组成的变化，以及符合鱼类生活特性的自然生活环境和食物来源的改变，都有可能对鱼的种类、数量产生影响，某些鱼种有可能因无法适应新的环境而数目骤减。长江的四大家鱼在每年 5 – 8 月水温升高到 18℃ 以上时，如逢长江发生洪水，家鱼便集中在重庆至江西彭泽的 38 处产卵场进行繁殖。产卵规模与涨水过程的流量增量和洪水持续时间有关。如遇大洪水则产卵数量很多，捞苗渔民称为"大江"，小洪水产卵量相对较小，渔民称为"小江"。家鱼往往在涨水第一天开始产卵，如果江水不再继续上涨或涨幅很小，产卵活动即告终止。其次，某些依赖于洪水变动的岸边植物物种受到胁迫，也可能给外来生物入侵创造了机会。水库水体的水温分层现象，对于鱼类和其他水生生物都有不同程度的影响。三峡大坝下泄水流的水温低于建坝前的状况，这将使坝下游的"四大家鱼"的产卵期推迟 20 天。此外，扩大灌溉面积和输水距离，有可能使水媒性疫病传播区域扩大。

（三）低温水对河道生态的影响

1. 研究概况

低温水对河道生态的影响，自 20 世纪 80 年代以来，在丹江 121 水库、新安江水电站、东江水电站都进行过回顾性评价。在三峡工程、"南水北调"工程、喀腊塑克水利枢纽等开展过预测评价。对水库水温结构判别、水库水温结构的计算已积累不少经验，研究过不少预测模型。下泄低温水对生态影响十分明显。丹江口水库下泄低温水对"四大家鱼"产卵场带来不利影响。东江水库坝下实测 7 月平均水温比建坝前降低 13℃，对鱼类生长繁殖不利。下泄低温水对农作物生长也不利。但对需冷却用水的工业，低温水却是一种资源。如湖南东江水库下泄低温水，用作下游鲤鱼江火电厂冷却用水，每年高温季节节约用水率高达 64%。近年来，虽然水库环评中涉及低温水的，均进行了影响预测，对一些重大工程还进行了低温水的专题研究，但总的来说，目前环评中对下泄低温水影响还研究不够。模型计算具有不确定性，低温水对水生生物的影响程度无法定量，尤其是下泄低温水沿程变化计算方法不成熟，在环评中也是薄弱环节。运行期的监测方案不落实，工程建成后的验证和跟踪监测很少。

2. 水温恢复措施

在灌溉水库建设中解决下泄低温水影响措施采用较多，有良好成效。如江西、吉林、四川等省有些水库采用浮式表层取水，机控塔（井）式分层取水、斜卧管分层取水、机控多节筒套迭式取水等都有良好效果。在灌溉渠道上用"长藤结瓜"方式设晒水塘（池）。一般晒水塘面积为灌溉面积的 1/50 ~ 1/20。如江西抱桐水库在干渠上修建了面积为 2100m² 的水塘，出塘水温比入塘水温提高 6 ~ 8℃。对发电为主的综合利用水库，分层取水将明显损失了水头，需要各方面协调。

3. 建议

低温水是高坝大库不可避免的环境问题。目前主要采取分层取水减缓低温水影响。由于无法完全消除水温影响，尤其是分层取水常常与工程设计方案产生矛盾，因此要求工程人员对影响方式、影响程度有较清晰分析，为采取恢复措施提供依据和技术要求。低温水对鱼的影响研究，一是要研究清楚下游鱼类资源数量，种群类型及生理习性，栖息地分布等要求；二是水温的计算要科学可靠；三是需要制定法律法规及相关技术标准，规范技术和建设管理者的保护责任。

三、水利工程负面效应的补偿途径

水利工程对生态的效应有两面性，但是大部分水利工程对生态的正面效应是主要的。当设计者对水利工程的负面影响不注意、不重视，没有去认真地解决，就会造成不少遗留问题。水利工程负面效应的补偿途径有两条：一条是对于已建工程，研究和开发受损水域生态修复的方法和技术；另一条是对于新建工程，研究和开发因工程建设、运行而对水生态系统造成胁迫所应采取的补偿工程措施。对于已建工程，生态水利工程技术主要针对河流生态系统的修复，而且主要是小型河流。按照技术布置的位置可分为河道修复、河岸修复、土地利用修复等。

（一）河道修复

河道修复常采用河流治理生态工法（ecological working method），也称为多自然型河流治理法（project for creation of rich in nature）。生态工法就是当人们采用工程行为改造大自然时，应遵循自然法则，做到"人水和谐"，是一种"多种生物可以生存、繁殖的治理法"。该方法以"保护、创造生物良好的生存环境与自然景观"为建设前提，但不是单纯的环境生态保护，而是在恢复生物群落的同时，建设具有设定蓄泄洪水能力的河流。

（二）河岸修复

河岸修复主要采用土壤生物工程技术。它按照生态学自生原理设计，采用有生命力植物的根、茎（枝）或整体作为结构的主体元素，通过排列插扦、种植或掩埋等手段，在河道坡岸上依据由湿牛到水生植物群落的有序结构实施修复。在植物群落生长和建群过程中，逐步实现坡岸生态系统的动态稳定和自我调节。例如，深圳市西丽水库以入库受损河流生态系统为对象，在确保河岸力学稳定性的前提下，对河流护岸工程结构进行生态设计，修复创建与生态功能相适应的河岸植物群落结构，并对其恢复动态进行连续跟踪观测和评价。研究表明，构建后的实验河流河岸植被得到了良好的恢复。经过两年的演替后，与对照区相比，实验河流河岸植物群落的物种数和生物多样性有了很大的提高，其物种数新增加了14种，而对照区仅增加了4种；实验区的植被覆盖率增加到95%以上，而对照区仅为55%。

土壤生物工程是集现代工程学、生态学、生物学、地学、环境科学、美学等学科为一体的工程技术。应用时应注意研究以下两方面：

（1）影响边坡稳定性的地质、地形、气候和水文条件等自然因素及适宜的坡面加固技术。

（2）不同地区和地点边坡乔灌草种的最佳组合及可能限制或促进植物工程物种存活的生物和物理因素，以建立稳定的坡面植物群落。

（三）土地利用修复

土地利用修复主要采用植被恢复技术。植被恢复技术主要是指在因水利工程建设活动再塑的地段及其他废弃场地上，通过人为措施恢复原来的植物群落，或重建新的植物群落，以防止水土流失的水土保持植物工程。植被恢复技术包括以下两方面：

（1）要注重植被恢复场所的立地条件分析评价。立地条件是指待恢复植被场所所有与植被生长发育有关的环境因子的综合，包括气候条件（太阳辐射、日照时数、无霜期、气温、降水量、蒸发量、风向和风速等）、地形条件（海拔、坡向、坡度、坡位、坡型等）和地表组成物质的性质（粒级、结构、水分、养分、温度、酸碱度、毒性物质等）。立地条件的分析评价可为植物生长限制性因子的克服和制定相应的措施提供科学依据。

（2）植物种选样。植被恢复技术的关键环节是植物种选择，应从生态适应性、和谐性、抗逆性和自我维持性等方面选择适合于当地生长的植物种。

从生态系统安全、亲水和景观等多视点系统地研究水生态修复技术，已经成为水利学和生态学研究者必须共同面对的重要课题。与国外相比，我国的河流生态修复常常忽视对受损河岸植被群落和河流生态系统结构、功能的修复，以及对修复过程中的生态学过程和机制研究。探索基于水利学与生态学理论的水生态修复理论与技术是今后的重要发展趋势。例如，研究水文要素变化对生物资源的影响机制。在宏观上对比长时间和大空间跨度的水文要素变化和生物资源的消长规律，研究水利工程建设所造成的水文情势变化及泥沙冲淤变化的程度和方式及其对生物资源的影响；微观则根据不同生物对水力学条件的趋避特点，研究水利工程建设所形成的水力学环境（流速、流态、坝下径流调节等）对重要生物资源的影响，探讨水利工程作用与重要生物资源的生态水文学机制。

我国水生态修复的一个重要发展方向是流域生态修复。流域是一个完整的水循环系统，生态修复需要水，合理的水资源配置有助于生态修复；同时不考虑生态的水工程建设和流域水资源配置，又极易导致区域生态系统恶化，造成某一地区相对干旱或少水、地下水位下降、湿地消失、湖泊萎缩、植物干枯等。因此，从流域的空间尺度开展水生态的修复，综合考虑流域水、土、生物等资源，把生态修复、水工程建设、水资源配置紧密结合起来，是我国水生态修复的发展方向。进一步地，还应该注意到生态修复在一定时间和空间上对人类心理生态、社会生态、文化生态、经济生态等更深层次上的作用和影响，需要工程技术人员和管理人员共同协作，达到水生态恢复的良好效果。

对于在建工程，不仅仅限于因项目建设对自然环境所产生的破坏影响进行补偿与修复，还包括以保护为主的所有缓解生态影响的措施。其补偿措施应该贯彻于建设项目的立项和规划、设计、施工和运行这四个过程。

1. 建设项目的立项和规划

在建设项目的立项和规划阶段，停止建设项目的全部内容或部分内容，以回避对生态系统整体影响的可能性，称为"回避"。例如，为了达到防洪的目的，不一定需要建坝，可以采用设立行洪区和滞洪区或拓宽河道等方法。即使需要建坝，在有多条支流或多个地点可以作为坝址选择时，应当逐条河流和逐个地点对建坝后的生态影响进行评价，选择影响最小的河流和河流中的某一断面筑坝。在同一河流进行梯级开发，除了考虑水能的最大利用价值，也要考虑梯级电站之间河道潜在的自然恢复能力，在梯级电站之间留有充裕的河段使水生生物休养生息。

2. 建设项目的设计

在建设项目的设计阶段，将受到工程影响的环境或水生生物栖息地通过工程措施进行"补偿"或将其置换到其他地方，以此来代替和补偿所受到的影响。例如，为了减轻冷水下泄，将单层进水门设计成多层进水门，使不同温层的水体混合后再泄至下游。为了补偿大坝对洄游通道的阻隔影响，应增加鱼道、鱼梯或升鱼机等附属设施。通过研究鱼类产卵场的生境条件，可将原有的鱼类产卵场置换到生境条件相似的河段。

3. 建设项目的施工阶段

在建设项目的施工阶段，把工程建设对生态的影响"最小化"或进行"矫正"，称为"减轻"。对因水利工程建设而遭受影响的环境进行修正、修复，从而使环境恢复的行为，称为"修复"。我国溪洛渡水电站在建设施工道路时采用隧洞、垂直挡土墙等，使地表植被的破坏程度最小化。对于库区及其建筑物造成的自然生态永久性破坏，则在其周边地区恢复自然，形成比建坝前更丰富、更高质量的生态环境。为了减轻工程施工的影响，尽可能采用先进的施工工艺。如江苏常州防洪工程浮体闸采用工厂建造，水上浮运，现场拼装和水下混凝土施工等工艺，减轻对闸址处周边生态环境的影响。

4. 建设项目的运行阶段

在建设项目的运行阶段，通过改善水利工程调度来避免和挽回工程对自然环境和河滨社区的潜在危害，修复已丧失的生态功能或保持自然径流模式，称为"生态补偿"。该方式中通过确立扩大坝建设与水库（电站）运行的基本生态准则，包括最小下泄生态流量确定的理论与方法，建立适应河流生态恢复的生态水文调度，以及基于生态水文与工程调度相结合的新型水库调度准则等，防止河道萎缩和生态退化以及库区的淤积等。

四、长江鱼类生态补偿案例

长江是世界第三长河流，仅次于亚马逊河和尼罗河，长江上游沱沱河由南而北出唐古拉山，至切苏美曲口，平均比降大于10.8‰。上游江水出三峡后，进入中游，在宜都纳清江。自宜昌至江苏省镇江间的1561km平原河段，平均比降0.2‰。长江干流各段名称分别为沱河、通天河、金沙江、长江等。源头至当曲口（藏语称河为"曲"），称沱沱河，为长江正源，长358km；当曲口至青海省玉树县境的巴塘河口，称通天河，长813km；巴塘河口至四川省宜宾蜗江门，称金沙江，长 2308km；宜宾岷江口至长江入海口，约 2800 余千米，通称长江，其中宜宾至湖北省宜昌间称"川江"（奉节至宜昌间的三峡河段又有"峡江"之称），湖北省枝城至湖南省城陵矶间称荆江，江苏省扬州、镇江以下又称扬子江。

中国特有的千种珍稀鱼类的主要栖息地是长江，曾被誉为"鱼类基因宝库"。据最新公布的调查数据显示，长江流域蕴藏有水生生物 1100 多种，其中鱼类 370 余种。在这当中包括国家一级、二级重点保护水生野生动物 14 种，其中，白鳍豚、中华鲟、白鲟、江豚和胭脂鱼等都是我国的特有种类。然而目前这些长江珍稀水生动物的种群数量正在逐步减少，其中一部分濒临灭绝的边缘。有水中大熊猫之称的白鳍豚，处于极度濒危状态；淡水鱼之王白鲟已经难觅其踪迹；闻名遐迩的长江鲥鱼更是绝迹多年；水中化石中华鲟数量急剧下降，并有继续减少的趋势。久负盛名的四大家鱼，其鱼苗发生量也从 2003 年开始锐减。

（一）长江鱼类资源锐减成因

多方面的原因导致长江鱼类资源锐减。直接的原因是污水排放、大量挖砂、航运发展以及过度捕捞。但不可否认，长江干流和支流上修建的众多水利枢纽也是严重影响长江鱼类资源锐减的原因之一，因为众多工程的兴建给长江鱼类生存环境带来了巨大变化。

长江中很多鱼类属于洄游性鱼类，大量的水坝堵住了它们的洄游通道，洄游路线缩短；水利枢纽挡住了上游营养物质向下游的传输，减少了鱼类的食物，甚至造成食物链中断。长江四大家鱼在 5—6 月汛期水位上涨时产卵，而水库一般在汛期蓄水，枯水期放水，改变了长江流态和季节变化规律，使刺激鱼类产卵的信号紊乱；同时使洲滩过早显露或推迟淹没，影响栖息地食物丰富度；大多数长江上游特有鱼类繁殖要求的最低水温在 16~18℃ 高水位蓄水后，大坝底层的水下泄时，水温会有所降低。最近三年，中华鲟的产卵时间推迟了半个月，原因是坝下水温在中华鲟的繁殖季节发生了变化；高坝流下的水融解了空气中大量的氮气，而水体氮气过饱和对鱼类影响比较大，导致鱼类患气泡病，造成血液循环的障碍；水库蓄水后上游的流速变缓，水变清，引起了库区鱼类种群结构的变化。

（二）生态补偿措施

针对长江干流和支流水利工程对重要生物资源的负面影响，国家有关部门和高校开展了大型水利工程对重要生物资源不利影响的补偿途径研究，采取一系列生态补偿措施。

1. 径流调节补偿措施

径流调节补偿包括三方面分别是人造洪峰、下泄水温调节与径流调节技术。中国长江三峡工程开发总公司立项开展"大型水利工程生态调度情报研究"，对国际上有关生态调度研究的理论、应用技术、实践及其他相关研究和应用进行全面的了解，概括出国际上成熟技术和发展方向、国内研究和应用差距、三峡工程生态调度可应用的实用技术，从而指导三峡工程生态调度研究方向和目标的制定。

2. 鱼类栖息地补偿措施

1981 年 1 月，葛洲坝水利枢纽截流后，长江中华鲟被阻隔在葛洲坝坝下江段。中国科学院水生生物研究所连续多年开展中华鲟产卵场的调查，调查显示葛洲坝下游的中华鲟仍能自然繁殖，并形成新的比较稳定的葛洲坝坝下产卵场。1996 年，湖北省政府在葛洲坝下建立"长江宜昌中华鲟自然保护区"，保护区长 80km，其中靠近葛洲坝的 30km 是核心。2002 年以后，中国科学院水生生物研究所等单位对葛洲坝坝下产卵场流场又进行了更详细的量测，获得大量水文、水力测量数据，为中华鲟保护区建设提供有力的理论支撑。2005 年 4 月，经多方论证，国家兴建了长江上游珍稀、特有，鱼类国家级自然保护区。保护区具体范围由向家坝厂横江口开始，向下游延伸至重庆马桑溪，包括赤水河干流、岷江下游等河段。保护区面积 33000hm^2，河流类型丰富，给不同繁殖类型的鱼类创建了适宜的生活空间。

3. 休渔和增殖放流措施

实施休渔政策的目的是保护长江鱼类资源，2002 年长江流域开始试行春季禁渔。禁渔共涉及 10 省市 8100 多 km 江段，以及鄱阳湖、洞庭湖等主要湖泊。禁渔以葛洲坝为界，将长江分为两个江段，分时段进行禁渔。其中云南省德钦县以下至葛洲坝以上水域的禁渔时间为 2 月 1 日 12：00 至 4 月 30 日 12：00；葛洲坝以下至长江河口水域禁渔时间为 4 月 1 日 12：00 至 6 月 30 日 12：00。

珍稀鱼类以人工的方式来进行增殖放流，其成果于实践活动中是有较佳的。中华鲟研究所于 1981 年便开始对中华鲟以人工养殖的方式将其放流于长江中，而晚两年开始中华鲟的放流工作的研究所是长江水产科学研究所。目前，累计向长江放流的中华鲟已超过 600 万尾。有关单位对放流的中华鲟除采用传统的体外标志银牌外，还使用国际上先进的体内 PIT 标志技术，以便监测中华鲟幼鲟人工增殖放流的效果。不仅人工增殖放流中华鲟，一些单位也放流了胭脂鱼、草鱼、鲢鱼等经济鱼类。

总而言之，20 世纪 90 年代以来，随着大坝生态环境效应的逐渐显现，"建坝与生态系统的安全"逐渐成为人类与生态环境领域的中心议题之一。我国作为全球水电建设大国，水利工程的生态环境影响，成为近年来在水生态与水环境领域最热门研究内容之一，研究呈现出由单学科转向多学科交叉、由局部转向流域整体、由短期效果转向长期效果的发展趋势。

第六章 新时期水利工程的生态环境影响与保护措施研究

宁夏固源地区城乡饮水安全水源工程引水区位于泾河流域源头区，同时涉及泾河源省级风景名胜区、六盘山自然保护区，堪称黄土高原上的一颗"绿色明珠"，引水区下游 30～50km 外均进入甘肃省境内，区域环境敏感。泾河源头区现状水资源开发利用率低，天然植被状况良好，动植物资源丰富，分布有国家重点保护和六盘山特有物种，使之成为干旱带上的"动植物王国"，其生态环境的保护对泾河流域至关重要。本章仍以宁夏固源地区城乡饮水安全水源工程为例，研究工程实施对生态环境产生的影响，并提出生态环境保护的工程措施和非工程措施，以做到开发与保护并重，正确处理工程建设与环境保护的关系，促进工程建设与社会、经济、环境效益协调发展。

第一节 陆生生态环境影响分析

一、对生态完整性的影响

（一）对自然系统生物量和生产力影响

工程永久占地包括中庄水库淹没占地，水库、管线建筑物、截引支线建筑物、新建永久道路、运行管理设施等工程占压占地等。工程占地地类情况见表 6-1。

表 6-1　工程占地地类情况　　　　　　　　　　　单位：km²

工程占地	旱耕地	林地	草地	建设用地	合计
永久占地	2.02	0.41	0.38	0.14	2.95
临时占地	0.61	0.49	0.59	0	1.69
合计	2.63	0.90	0.97	0.14	4.64

临时工程占地主要包括干管管线占地、沿线隧洞渣场及管线弃土场、新建进场道路、预制场占地等。经统计，工程临时占地为1.69km²，其中旱耕地为0.61km²，林地为0.49km²，草地为0.59km²。工程建设占压、破坏部分自然植被，将会降低该区域的生产力水平，减少自然系统的生物量，由于工程建设导致的研究区自然系统生物量减少及生产力降低情况详见表6-2和表6-3。

表 6-2　自然系统生物量减少情况

群落名称	单位面积总生物量/（t/km²）	占地面积/km²	生物量减少量/t
林地	17000	0.9	15300
草地	1000	0.97	970
农田	1100	2.63	2893
居住及建设用地（绿化用地）	42	0.14	5.88
合计	19142	4.64	19168.88

表 6-3　自然系统生产力降低情况

类型	净第一性生产力/［t/（hm²·a）］	占地面积/km²	平均减少量/［t/（hm²·a）］
林地	6.51	0.90	
草地	5.20	0.97	0.017
农田	6.14	2.63	
建设用地	0.70	0.14	

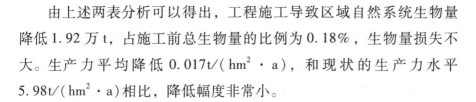

由上述两表分析可以得出，工程施工导致区域自然系统生物量降低 1.92 万 t，占施工前总生物量的比例为 0.18%，生物量损失不大。生产力平均降低 0.017t/（hm² · a），和现状的生产力水平 5.98t/（hm² · a）相比，降低幅度非常小。

（二）对自然系统稳定状况影响预测

工程施工后，水库库区和截引点附近，建筑用地增多，人工化趋势明显增强，自然植被面积减少，施工区附近由以耕地为主体的自然生态系统向建筑类生境过渡，这些变化减少了自然系统景观的异质性，降低了自然系统的生产力和生物量，这对于研究区生态完整性的维护有一定的负面影响，但占地相对很小，而且管线经过区域均可进行生态恢复，对研究区整体自然系统的生物量和异质状况影响不大，因此本研究认为，工程对研究区的恢复稳定性和阻抗稳定性影响不大。

（三）生态完整性影响结论

工程对研究区的自然生产力和自维持能力的影响有限，因此工程对研究区自然系统的生态完整性影响不大，但对工程区局部区域生态完整性的影响较大，应严格控制施工范围，减小对局部区域生态完整性的影响。

二、对植被的影响

工程对陆生植被影响主要表现为水库淹没、工程施工等活动造成的植被破坏，其中以旱地为主，其次为草地和林地，林地均为疏林地，工程淹没及占地范围内包括樟子松、油松、云杉等。草地主要包括贝加尔针茅＋短柄草群丛、贝加尔针茅＋铁杆蒿＋茭蒿群丛、甘青针茅＋铁杆蒿群丛、铁杆蒿＋甘青针茅群丛、茭蒿＋铁杆蒿群丛、短柄草＋蕨＋苔草群丛、苔草＋禾叶凤毛菊群丛等。农作物包括玉米、小麦、土豆、大豆等。这些植被类型在周边地区均有分布，工程对陆生植物的影响仅是数量上的损失，不会造成植物种类的消失。

此外，本工程隧道施工及疏水作业对隧道上部地表植被也会产生一定影响。该方案布置隧洞9座，总长35844m，线路隧洞所穿越的山体中均有地下水，地下水位高于隧洞，因此输水隧洞会打透地下水层，使地下水外涌（详见地下水预测部分）。地下水外涌会导致地下水位下降，因此会对隧洞上方的植被，尤其是草本植物正常生长产生一定影响。随着工程结束，地下水会漫过隧洞壁，恢复原来的流态，同时随着大气降水的补给，地下水位会逐渐上升，因此工程对隧洞上植被的影响是短期的，影响不大。工程淹没、占地范围内无国家重点保护植物分布。

根据《自治区政府关于六盘山自然保护区划界立标的批复》（宁政函〔2011〕195号）文件，结合本工程总体布置图及拐点坐标，进行叠加后得到本工程涉及自然保护区内的工程均位于六盘山自治区级自然保护区实验区内。测量得知，距离国家级核心区最近距离为2.6km，距离国家级缓冲区最近距离为0.4km，距离国家级保护区实验区最近距离为2.7km。

（一）六盘山自治区级自然保护区的工程内容

涉及六盘山自治区级自然保护区实验区的工程内容为：龙潭水库改造工程，主要包括大坝加固、施工隧洞、取水口的改造、滑坡体整治、引水管线；截引点3处，其引水支线总长4.441km；引水隧洞4段，合计为12042m；引水管线2段，合计1445m；4#隧洞布设3个支洞，总长648m。本工程自治区级自然保护区实验区内永久占地0.1hm^2，临时占地5.3hm^2。涉及六盘山自治区级自然保护区实验区内的详细工程内容见表6-4。

表6-4　工程组成及六盘山自治区级自然保护区实验区内的详细工程内容

主要工程	工程组成	工程性质	在保护区内的项目	工程涉及保护区的相关参数
水库工程	龙潭水库：由大坝加固工程、取水建筑物工程、输水管道工程、交通道路工程组成	改造	修补原有大坝，加高工作桥、扩建输水隧洞，新建交通洞、取水塔	引水管线1.6km
	主调节水库中庄水库：由水库大坝、进水工程、输泄水工程、交通道路和坝后生活区五部分组成	新建	—	—
	辅助调节水库暖水河水库：由水库大坝、进水工程、输泄水工程、交通道路和坝后生活区五部分组成		大坝及库区部分工程	—
输水工程	管道	新建	桩号 K26 + 790 ~ K27 + 020	长 230m
			桩号 K33 + 805 ~ K35 + 020	长 1215m
	隧洞	新建	2# 中庄隧洞部分洞段	长 1407m
			3# 刘家庄隧洞部分洞段	长 1840m
			4# 白家村隧洞部分洞段	长 6785m
			5# 卧羊川隧洞部分洞段	长 2010m
	支洞	新建	4-1# 支洞	长 320m
			4-2# 支洞	长 222m
			4-3# 支洞	长 126m
	隧道与管道的连接	新建	—	—
	附属建筑物：管桥、排气补气阀井、排污检查井、路涵、交叉建筑物、镇墩	新建	—	—

主要工程	工程组成	工程性质	在保护区内的项目	工程涉及保护区的相关参数
截引工程	由红家峡、白家沟、石咀子、清水沟、卧羊川截引支线及截引建筑物组成	新建	自家沟截引点及截引支线	截引支线长 265m，管径 280 mm
			清水沟截引点及截引支线	截引支线长 212m，管径 600 mm
			卧羊川截引点及截引支线	截引支线长 964m，管径 500～600mm
泵站工程	石咀子 2 级补水泵站、暖水河加压泵站由泵站主体、进水汇流罐、出水汇流罐、流量计井及波动预止阀井五部分组成	新建	—	—
主要工程	工程组成	工程性质	在保护区内的项目	工程涉及保护区的相关参数
施工道路	自然保护区内施工道路以利用原有道路为主，部分缺乏交通条件地区新建施工道路，宽 4m，均为临时占地	新建	4-1# 支洞施工道路	长 600m
			4-2# 支洞施工道路	长 600m
			4-3# 支洞施工道路	长 420m
			白家沟截引点施工道路	长 780m
			清水沟截引点施工道路	长 230m
			卧羊川截引点施工道路	长 1500m

（二）对六盘山自然保护区的影响

1. 对国家级自然保护区的影响

工程施工区域均在自治区级自然保护区内，不占用国家级自然保护区范围，也不存在对范围内植被的影响，更不存在对保护区功能区划的影响，因此不会对保护区的结构产生影响。

2. 对自治区级自然保护区实验区的影响

（1）对陆生植被的影响。

1）工程占地及生物量损失。保护区范围内工程在保护区范围内占林地面积为 5.4hm²，其中永久占地为 0.1hm²，临时占地为 5.3hm²。现场调查发现，在保护范围内工程影响的植被主要以林地为主。引水隧洞及其施工支洞进出口开挖，截引点工程、输水管道铺设等造成的植被破坏将引起一定的生物量损失。保护区内工程损失生物量为810t，详见表6-5。

表6-5　工程在保护区内生物量影响情况

占地类型		林地	合计
永久占地	工程占地（hm²）	0.1	0.1
	平均生物量（kg/hm²）	150000	
	生物量损失（t）	15	15
临时占地	工程占地（hm²）	5.3	5.3
	平均生物量（kg/hm²）	150000	
	生物量损失（t）	795	795

施工结束后，临时占地将进行植被恢复，因此工程造成的生物量损失仅发生在永久占地。工程永久占地面积非常有限，造成的生物量损失较小。上述植被中，森林植被是主要保护对象。现场调查发现，被破坏的林地以疏林为主，还有部分低矮灌木，覆盖率一般不高于30%，均为次生林，且为当地常见种，工程结束后，绝大部分都可以恢复，因此对森林植被的影响不大。现场调查也未发现有国家重点保护植物。

运行期暖水河水库蓄水淹没极小部分自然保护区面积，引起一定的植被生物量损失，但随着水库蓄水运行，在水库消落带将形成相对稳定的水库湿地生态系统，能够弥补由于淹没产生的生物量损失，不会对自然保护区陆生植被造成较大影响。

2）对生物多样性的影响。工程引水隧洞进出口开挖、输水管线维护道路铺设将不可避免地砍伐一些乔灌木，种类主要为华山松、油松、云杉、辽东栎、虎榛子等，这些树种均为温带植被常见种类，分布广、资源量丰富，且工程砍伐数量相对较少，故本工程对自然保护区植物资源的影响仅是一些物种数量上的减少，不会对它们的生存和繁衍造成威胁，不会降低保护区内植物物种的多样性。

3）对森林生态系统及景观的影响。工程对区域植被资源及植被类型分布影响均较小，造成的生物量损失也较少，仅对施工附近区域有一定影响。现场调查发现，被破坏的林地以疏林为主，均为次生林，且为当地常见种，无国家重点保护植物，工程结束后，绝大部分都可以恢复，因此对森林植被的影响不大，不会对森林生态系统产生显著影响。施工期内，自然植被将被挖出14m左右的通道，对实验区局部自然景观形成切割，因此在一定程度上会形成对物种流的阻隔影响，但由于这个影响仅发生在施工期，而且工程区野生动物不多，因此影响不大。

（2）土地利用方式影响。保护区范围内工程占林地面积为5.4hm²，其中永久占地为0.1hm²，临时占地为5.3hm²。工程占地将对土地资源造成不同程度的破坏、占压，从而对区域土地利用产生影响。

（3）对自然保护区生态系统结构和功能的影响。

1）对保护区生态系统结构的影响。生态系统的结构主要指构成生态诸要素及其量比关系，各组分在时间、空间上的分布，以及各组分间能量、物质、信息流的途径与传递关系。生态系统结构主要包括组分结构、时空结构和营养结构三个方面。

在工程施工期，对于陆生生态系统，施工将导致植被减少，这在极小的局部范围减少了野生动物的栖息地和食物来源。土壤微生物受施工车辆碾压或弃土掩埋将大量死亡，这些将减少土壤中分解者的数量，从而减缓物质循环速度。因此，短期内施工区附近的物质循环和能量流动过程会受到较大影响，但施工结束后，这些很快会恢复到原来状态，因此对生态系统的结构影响不大。工程运行后，临时占地的植被得到恢复，生物量损失较小。工程区内的河道被河流下切较深，而林木基本分布在地势较高的山坡，植被需水主要依靠地下水，因此保护区河流水量的减少基本不影响植被需水过程，不会对植被造成显著影响。噪声对野生动物的惊扰结束，陆生动植物的栖息环境较工程建设前基本无变化，野生动物种群、结构、数量较工程建设前均不会发生显著变化。

总体来看，工程建设后，保护区水、大气、声等自然环境，以及野生动植物种类、生物多样性均基本无变化，保护区将维持其原有组分结构、空间结构和营养结构，工程运行对生态系统成分和营养结构无显著影响。

2）对保护区生态系统功能的影响。对保护区内野生动物栖息功能的影响。在六盘山自然保护区内，植被茂密，为众多野生动物提供了理想的栖息地，因此生物多样性保护是该保护区的主要生态功能之一。但本工程涉及区域植被稀疏，人类活动比较频繁，不是野生动物集中分布的区域，龙潭水库及其下游已经被开发成风景名胜区，修建了比较完备的旅游基础设施，由于受到人类活动的长期干扰，少有动物出没。其他保护区内的工程区已经变成农业区，野生动物也非常少，因此对野生动物的栖息功能影响不大。

工程对保护区水源涵养功能的影响。宁夏六盘山自然保护区是我国西北典型的、重要的水源涵养林区，在涵养水源、调节气候、保持生态平衡方面发挥着重要作用。在水源涵养效益中，起主导作用的要素为植被、土壤及地质构造等三大类连环结构，并与地势地貌有关。下面分别介绍森林在涵养水源中作用和工程对水源涵养因素的影响。

降雨是该区域水资源的唯一收入项。根据六盘山的地势条件，当潮湿的气团前进时，遇到高山阻挡，气流被迫缓慢上升，引起绝热降温，发生凝结，形成地形雨。根据《六盘山自然保护区科学考察》，从保护区的降水量资料进行初步分析，扣除纬度、高程等影响，林区能使降水量增加2.2%~6.1%。由此可见，影响六盘山地区降水量的最重要因素是地形条件，林区植被减少地表蒸发损失，促进局地气候良性循环，但对降水量增加数量不多。降雨被土壤吸收后，当表层土壤吸水饱和时，水就向下渗，当降雨强度大，超过植被和土壤的吸收率时，即可产生径流，若降雨强度不超过土壤下渗强度，则下渗后汇集于岩石裂隙中，形成地下水。林区的土壤在植物根系作用下，空隙较无林区大，吸收水量较多，土壤含水量显著大于非林区。降雨产生后，较无林区更易产生径流或形成地下水。

下面介绍工程对水源涵养因素的影响。决定区域水源涵养功能的要素主要为植被、土壤、地质构造、地势地貌，本工程对区域的土壤、地质构造、地势地貌均无显著影响，相对上述三要素来说，对植被影响相对较大。而工程占用自然保护区面积比例较小，且临时占地范围在施工结束后必须进行植被恢复，工程对保护区森林的影响不大，因此此处重点分析工程运行后自然保护区内涉及河流水量的减少对森林植被的影响，并进一步分析对保护区水源涵养功能的影响。

①水文情势变化情况。龙潭水库截引断面多年平均条件下，逐月水量减少比例范围为38.36%~73.71%，截引比例较高，主要集中在枯水期。龙潭水库截引点下游2km处，汇入南沟等支流，多年平均月均径流量为11.67万 m^3，沿途支流水量的陆续汇入，对下游河道水量的补给在一定程度上降低了上游引水对下游河道的水文情势影响。在多年平均条件下，暖水河年逐月水量减少比例范围为45.93%~83.63%。在多年平均条件下，卧羊川、清水沟所在的颉河逐月水量减少比例范围为61.35%~89.50%。在清水沟截引点下游2km、卧羊川截引点下游4.5km处，分别有五保沟、瓦亭沟等支流沿途陆续汇入，月均径流量分别为18.67万 m^3 和137.0万 m^3，将大大降低对截引点下游河道的水文情势影响。

②水量减少对保护区水源涵养功能的影响。从上述水文情势分析可知，本工程截引点下泄水量虽然较工程建设前均明显减少，但其下

泄水量均可满足断面生态水量需求，且各截引点下游不远处，均有较大支流汇入，可缓解下游河道水量减少的程度。此外，工程区内的河道被河流下切较深，多年平均径流深为 10~100mm，一年中大部分时段，尤其在旱季，都是地下水补给河道，河水对两岸地下水补给量很少，并且河道流量较小，地下水补给量有限，不会因河道水量减少引起地下水位发生变化。再者，保护区植被基本分布在地势较高的山坡，因此工程的建设基本不影响植被需水过程，不会对保护区森林植被涵养水源的工程造成影响。

③隧洞施工对水源涵养功能的影响。工程隧洞施工过程中部分洞段穿越含水体，对地下水有一定的影响。隧洞穿越区地下水均为基岩裂隙水，施工过程中隧洞岩体中均存在地下水，集水主要是裂隙渗水，洞室呈线状流水、滴水或涌水，来自洞顶部和侧壁。根据地质查勘试验，隧洞施工期间涌水量有限，在及时采取顶部铺防雨布接水，并导向两侧，然后分段设集水井抽排，以及初期钻孔、注浆等地下水封堵措施后，隧洞施工对地下水影响较小。此外，隧洞涌水可能会对隧洞上方的植被尤其是草本植被正常生长产生一定影响，但隧洞最大净高2.35m，最大宽度仅为2.14m，随着工程结束，地下水会漫过隧洞壁，恢复原来的流态，同时随着大气降水的补给，地下水位会逐渐上升，这个影响也会减弱，因此工程对隧洞上植被的影响是短期的，影响不大，不致对洞顶植被产生显著影响，对自然保护区水源涵养功能基本无影响。森林在稳定河川径流中作用巨大，是决定水源涵养最重要的影响因素。本工程建设仅对较小面积的林地有所破坏。此外，工程实施对区域降雨、蒸发、土壤、岩层等水源涵养要素均无显著影响，总体来看，工程建设对宁夏六盘山自然保护区的涵养水源功能影响微弱。

④其他影响。施工期主要是基坑废水、混凝土拌和冲洗及养护废水、隧洞涌水、含油废水和生活污水排放产生的影响。考虑位于自然保护区内且水环境水质均为Ⅰ类、Ⅱ类水水体，因此要求废水全部回用，不得外排。生产固体废弃物均运往自然保护区外的弃渣场统一堆

放、弃渣结束后采取水保措施恢复原有地貌；生活垃圾设置垃圾收集站和生活垃圾桶，定期收集运到垃圾处理厂处理。施工期设置旱厕，定期清运用作农肥。运行期在管理场所设置水厕、化粪池，定期对化粪池污水进行清理，作为附近灌草、农田的肥料使用。自然保护区内施工时间有限，扬尘、废气以及施工噪声短期内会对施工周边声环境、环境空气造成不利影响，但采取措施后能够使影响降到最低限度。

（三）对六盘山国家森林公园及泾河源风景名胜区的影响

1. 六盘山国家森林公园与泾河源风景名胜区的位置关系

根据《自治区人民政府关于同意泾河源风景名胜区为自治区级风景名胜区的批复》（宁政函〔1995〕36 号），泾河源风景名胜区由荷花苑、老龙潭、凉殿峡、鬼门关、沙南峡 5 个景区，秋千架、延龄寺石窟、堡子山公园、六盘山自然资源馆、城关清真寺 5 个独立景点组成，规划总面积 44.90 km^2。该风景名胜区以独特的自然山水、森林景观和回乡风情为特色，是以风景游览、疗养避暑和科学考察为主的风景名胜区。

据《国家林业局关于同意建立小龙门等 13 处国家森林公园的批复》（林场发〔2000〕74 号），批复文件中含六盘山国家森林公园面积 7900 hm^2，根据走访六盘山国家森林公园管理部门，老龙潭景区属于六盘山国家级森林公园景区之一。即本工程涉及的泾河源风景名胜区范围完全在六盘山国家森林公园范围内。

2. 工程与泾河源风景名胜区的位置关系

根据《宁夏固原地区（宁夏中南部）城乡饮水安全水源工程可行性研究报告附图 6 集》《宁夏固原地区（宁夏中南部）城乡饮水安全水源工程可行性研究报告》，通过实地调查和走访，根据 1995 年银川市园林设计院编制的《泾河源风景名胜区总体规划》，老龙潭景区边界为：东南以通往二龙河林场路为界，西北以通往干海子电厂为界，规划面积为 3.43km^2。根据该边界，本项目部分工程内容涉及泾河源

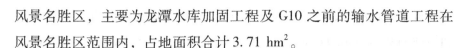

风景名胜区，主要为龙潭水库加固工程及 G10 之前的输水管道工程在风景名胜区范围内，占地面积合计 3.71 hm²。

3. 工程对风景名胜区的影响

（1）对景区植被的影响及措施。挖掘管线沟会破坏少量植被，该处植被为灌木丛，长度为 1.6km，占地面积为 3.71hm²，植被类型包括虎榛子—铁杆蒿＋茭蒿群丛、虎榛子—短柄草＋苔草群丛、灰栒子—铁杆蒿群丛和高山绣线菊群丛。伴生的草本植物包括东方草莓、野棉花、阿尔泰狗哇花、多种委陵菜、野菊、柔毛绣线菊、水栒子、二色胡枝子等。开挖损失影响仅在施工期，施工结束后，临时占地通过覆土并种植原有物种，经过自然恢复后对区域植被影响较小。永久占地范围大部分面积为滑坡体，现状植被覆盖率较低，工程建设基本不会对风景名胜区植被造成显著影响。

（2）对景观的影响。利用原有输水洞从泾河左岸输水，以竖井爬坡方式直接将管道接到沟底，高 36m，尺寸为 5m×8.2m，然后在沟底开挖 3.0m×3.0m 沟槽，输水管道安装就位后采用混凝土回填，埋深至沟道下 1.5 m，施工结束后仅竖井爬坡方案对景区有一定的影响。竖井为混凝土结构，直接裸露河边影响景区景观，采取适当美化和周围自然山体相协调后能够减缓对景观的影响。另外，可以在竖井裸露面河滩地上种植挺拔植被，掩盖竖井裸露面后影响较小。河底管道仅在施工短期内影响景观，施工完成后已在泾河河底，不会裸露影响景观。考虑施工期景区不对外经营，因此总体影响不大。

4. 水土流失影响预测

本工程为建设类项目，水土流失预测分为施工建设期（施工准备期）和自然恢复期（试运行期）。其中，施工建设期为 4 年，自然恢复期为 2 年。

（1）扰动原地貌、土地和损坏植被面积。工程建设和试运行过程中，地面设施的兴建、开挖、填筑等不同程度、不同形式地扰动了原地貌形态，损坏了地貌、林草植被和地表土体结构。根据对主体工程的分析及现场勘察，本工程施工和运行期间共扰动原地貌、损坏土地和植被面积为 436.94hm²，其中永久占地为 268.52hm²，临时占地为168.42hm²，具体见表 6-6。

表 6-6　扰动原地貌、土地和损坏植被面积　　　　单位：hm²

项目名称	永久占地				临时占地			合计
	旱耕地	林地	草地	其他	旱耕地	林地	草地	
水库工程区	128.12	31.33	24.07	13.42				196.94
管道及隧洞工程区	5.40	4.68	5.95		32.43	30.32	10.82	89.60
泵站及工程管理所	0.13	0.51	0.05	0.75				1.44
弃渣场区					5.93	1.19	28.11	35.23
道路工程区	14.27	4.77	8.08		16.66	6.85	14.08	64.71
施工生产生活区					5.58	10.59	5.86	22.03
移民安置区				26.99				26.99
小计	147.92	41.29	38.15	41.16	60.60	48.95	58.87	436.94
合计	268.52				168.42			

（2）损坏水土保持设施面积。本工程建设区占地类型主要为具有水土保持功能的林地和草地，经统计，本工程共损坏水土保持设施面积为 187.26hm²，详见表 6-7。

（3）建设可能造成的水土流失量预测。本工程在预测时段内，水土流失总量为 49629.7t，其中水土流失背景流失量为 16517.6t，新增水土流失量共计 33112.1t。

建设期内，扰动土地水土流失总量为 39101.9t，其中新增水土流失量为 30323.6t，占预测时段内新增流失量的 91.6%。自然恢复期预测水土流失总量为 10527.8t，新增水土流失量为 2788.5t，占预测时段内新增流失量的 8.4%。主要发生在水库工程区、弃渣场区、施工生产生活区、管道及隧洞工程区、道路工程区等。因此，施工建设必须与水土保持工程建设同步进行，并适当采取一定的临时性防护措施，尤其是建设期水土流失防治措施的布局设计中，应重视工程拦渣和合理堆放使用。

表6-7　损坏水土保持设施面积　　　　　　　　　　单位：hm²

项目名称	永久占地		临时占地		合计
	林地	草地	林地	草地	
水库工程区	31.33	24.07			55.40
管道及隧洞工程区	4.68	5.95	30.32	10.82	51.77
泵站及工程管理所	0.51	0.05			0.56
弃渣场区			1.19	28.11	29.30
道路工程区	4.77	8.08	6.85	14.08	33.78
施工生产生活区			10.59	5.86	16.45
小计	41.29	38.15	48.95	58.87	187.26
合计	79.44		107.82		

三、对陆生动物的影响

（一）工程施工对陆生动物的影响

本工程施工对陆生动物的影响主要表现为工程占地、人员进驻、施工活动等对动物栖息、觅食以及活动范围造成影响。由于不同野生动物的活动能力、生活习性各有不同，工程对各类陆生动物的影响程度也有所不同，具体分述如下。

1. 对兽类的影响

工程施工区兽类以啮齿类小型兽类为主。施工可能会破坏它们的栖息地，施工爆破、施工机械噪声等使其迁移他处，水库淹没等也将导致小型兽类向高处迁移。这些均不会对它们产生大的影响，一段时间后其种群数量便会恢复到原来状态。调查表明，工程区很少有大型兽类出没，但偶尔会有野猪到农田觅食，由于目前保护区野猪数量非常多，而且移动能力非常强，因此工程对它们影响不大。

现场调查未发现国家重点保护动物金钱豹和林麝的活动痕迹，走访村民也表示在施工区附近多年不见金钱豹和林麝。但鉴于它们活动范围较广，栖息生境类型多样，不能完全排除它们不到施工区附近觅食的可能，由于金钱豹是研究区最脆弱的关键种，工程对野生动物的影响程度主要取决于最脆弱的物种能否忍受工程影响，如果它们能够忍受，则研究区内其他物种也能够生存，研究区内的生物多样性就可以维持现状。为此以金钱豹为关键种，分析工程对大型兽类的影响。

现场调查表明，随着六盘山林地覆盖率逐年增大，金钱豹的数量有所回升，人们见到金钱豹的频次也逐年增多。但由于金钱豹喜欢居于人烟稀少的丛林里，害怕人类，除非食物特别短缺，否则很少到人类活动较多的草地或农田觅食，因此人们见到金钱豹还是很难。研究人员走访的一位护林老人，在林场居住了 40 年，仅见过 3 次。

本工程大部分位于农区，只有在保护区实验区内，集中穿过部分疏林地。研究人员在附近村庄专门针对金钱豹是否分布进行详细走访，走访对象以老人为主，共走访了 20 多人，他们均表示附近从没有金钱豹出现过，因此本工程穿越金钱豹栖息地的可能性很小。资料表明，单只金钱豹栖息面积 20km² 左右，六盘山自然保护区 678km² 的范围可以满足 30 多只金钱豹栖息。爆破施人工、机械活动会通过噪声和振动影响金钱豹的栖息，压缩金钱豹的活动空间，但基本不会侵占金钱豹的领地，不会改变金钱豹对多样生境的要求，而且本工程的影响仅限于施工期，时间较短，因此工程对金钱豹的影响较小。如果控制人工和机械的活动范围，禁止爆破施工，则上述影响还可以降低。

2. 对两栖动物、爬行动物的影响

工程施工区有两栖类 5 种，它们主要栖息在河滩以及低阶地，数量较少；爬行类有 4 种，它们广泛分布于林地、草地内。

本工程占地类型涵盖了这 9 种动物的栖息生境，因此可能破坏它们的栖息地。由于两栖类动物的迁徙能力较弱，容易受到施工活动及施工人员的干扰，因而需要加强对施工人员的宣传教育，增强施工人员的动物保护意识，以减少对它们的影响。而爬行类移动能力较强，受到惊扰后会迅速离开，寻找新的栖息地，因此影响较小。

3. 对鸟类的影响

施工区内鸟类较为常见，本次生态调查工作中，在施工区附近观察到的珍稀鸟类有国家Ⅱ级保护动物鸢和红隼，但施工区内未见鸟类营巢。在工程施工过程中，工程占地将导致原有植被破坏，使部分珍稀鸟类觅食场所相应减少，由于工程占地面积相对较小，影响也不大。另外，施工机械、车辆的往来以及大量施工人员进驻，对一些听觉和视觉灵敏的鸟类会起到驱赶作用，部分鸟类将不会再出现在该区域，转向其他区域予以回避，但不会造成种群数量的改变，而且这种影响会随着施工的结束而消失。

（二）工程运行对陆生动物的影响

工程运行后，中庄水库附近区域陆生动物受影响相对较大。该区域为河谷带，附近陆生动物以两栖类、鸟类为主，水库建成后，库区水位抬升和水域面积扩大，为静水型两栖动物提供了适宜的生活环境，水域岸边生境的改变对适应这一区域的动物的摄食有利，此类动物的种类和数量可能增加。对喜欢湿地生存的部分鸟类有一定的吸引作用，水库周边鸟类的种类和数量将会有所增加。总体来说，工程兴建不会改变研究区动物区系组成，仅对水库淹没区和移民安置区野生动物的分布及种类数量有一定影响。

第二节　水生生态环境影响分析

工程对水生生态环境的影响主要是截引工程和水库工程建设运行引起的，其中水库工程主要为龙潭水库、暖水河水库和中庄水库，龙潭水库影响已在前文部分进行分析，这里不再赘述。据现场实地调查，中庄水库为季节性河流，枯水期没水，鱼类及水生生物难以生存，因此施工期主要分析截引工程引起的影响，运行期主要分析截引工程、暖水河水库、中庄水库引起的影响。

一、对湿生植物的影响

施工期截引建筑物建设，引水渠道改造，施工产生废水和泥沙、土石方和废料的暂时堆放对湿生植物造成影响，局部地区湿生植物生境受到干扰，生物量减少。运行期截引点上游形成的小型水库，使原来一定范围内的湿生植物被淹没，湿生植物的种类发生变化，有利于某些种类的生长，生物量增加；截引点以下，河道内水量减少，水位降低，影响湿生植物的生存。

运行期，随着中庄水库和暖水河水库库区水量的增加，水位上升会淹没原有的水生植物和在河岸交错带的湿生植物，淹没到一定范围会影响植物的光合作用和呼吸作用而造成水生植物死亡；随着库区蓄水量的提高，库区内的湿度将增加 2% ~ 4%，有利于湿生植物的生长，在新的水陆交错地带，会形成新的湿生植物群落，水域面积更大，湿生植物生物量总体增加。

二、对浮游生物的影响

施工期截引建筑物建设等产生的泥沙，随着水流向下游扩散，引起截引点和下游部分河道水体浑浊，影响浮游植物的生长，使浮游动物数量减少、种类简单化，主要表现在原生动物耐污种类的数量暂时性增加，而枝角类、桡足类种类和数量暂时性减少。在工程运行期，截引点上游形成的小型水库，在一定范围内改变了浮游生物生境，总体上是生物量增加。截引点以下，水量减少，浮游生物生境萎缩，其生长和繁殖受到影响。在枯水期水量减少，留存的少量水体浮游生物密度和生物量会有所升高，但浮游生物种类总量会明显下降，下泄生态流量能够减缓影响。

新建暖水河水库、中庄水库，原有的河流变成水库，浮游植物的种类会发生变化，由河流型向湖泊型转变，水体环境由河流生态型向水库生态型转化，水面增大，水体流速减缓，水体营养物质滞留时间

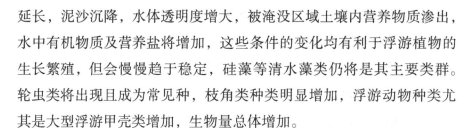

延长，泥沙沉降，水体透明度增大，被淹没区域土壤内营养物质渗出，水中有机物质及营养盐将增加，这些条件的变化均有利于浮游植物的生长繁殖，但会慢慢趋于稳定，硅藻等清水藻类仍将是其主要类群。轮虫类将出现且成为常见种，枝角类种类明显增加，浮游动物种类尤其是大型浮游甲壳类增加，生物量总体增加。

三、对底栖生物的影响

施工挡水围堰、导流渠开挖，原有河道占用，底栖生物栖息地受到破坏，生物量减少；施工产生的泥沙引起下游水体水质下降，短期内影响底栖生物生存。工程运行期，截引点上游在一定范围内改善了底栖生物生境，种类发生变化，总体上是生物量增加。截引点以下河道水量减少，在丰水期，河段流量较自然状态有所减少，底栖动物的生境相应缩小，受影响较小，变化量有限，对底栖动物的种类、数量影响不大；在枯水期，来水量减少使河道纳污能力降低，水质下降，底栖动物的生境受影响较大，原有的种类和数量会发生变化，耐污种类寡毛类、羽摇蚊等将显著增加。如果截引点以下河道保持基本的生态流量，底栖生物受到的影响将会减小。

暖水河水库、中庄水库的运行，使原有的河道型生态变成缓流的水库生态，水中营养物质在库中滞留时间延长，水体初级生产力增加，加上库底底质泥沙化，由砾石、沙卵石为主逐步向泥沙型、淤泥型发展，底栖动物的种类组成和数量以及分布等都将随其生活环境的变化而变化。原河流中石生的种类、喜高氧生活的种类将显著减少，如蜉蝣目中的扁蜉、毛翅目中的石蚕等种类会显著减少，而适于静水、沙生的软体动物、水蚯蚓和一些广生性的摇蚊种类将会增加；水库正常蓄水后，底栖生物种类和数量趋于稳定。

四、对鱼类的影响

施工期施工引起水体浑浊，透明度下降，人类活动及机械噪声干扰惊吓鱼类向施工区域上、下游栖息，短时间内对鱼类生境范围产生影响，尤其是对幼鱼的栖息不利。另外，水体水质变差引起浮游生物和底栖生物量的暂时性减少，也会导致以此为饵料的鱼类资源的下降。

工程运行期间，截引点上游形成的小型水库，在一定范围内改变了鱼类生境，原来河流性鱼类会寻找新的栖息地，对鱼类造成不可逆的影响；在截引点以下，由于流入下游河道水量减少，过水面积减少，水位下降，使得下游鱼类生存环境发生改变。工程涉及截引点部分设置在泾河一级和二级支流上，根据实地调查，各支流截引点过水面积较小，工程运行后，下游鱼类生存面积进一步缩小，将会对鱼类繁殖及生存产生一定的影响。工程运行后，下游河段水量减少，导致浮游生物和底栖生物数量的减少，造成饵料资源匮乏，将影响部分鱼类的生存；水量减少，鱼类的洄游受到影响，繁殖能力降低。

工程运行期，暖水河水库的建成将会使原有河流的连续性受到影响，鱼类生境片段化，影响鱼类生存；水库蓄水后，流水生境淹没，水生生物由河流相向湖泊相演变，鱼类饵料结构发生较大变化，从河流性的游泳生物、底栖动物和着生藻类为主向浮游生物为主转变，相应地，鱼类资源的种类结构也相应发生变化，流水性鱼类向库尾以上及支流迁移，在库区中的资源量会大幅度下降，甚至在库区消失，以浮游生物为食的缓流、静水性鱼类成为优势种群，鱼类种类发生变化，数量总体增加。中庄水库运行后，水量大幅度增加，浮游生物及底栖生物种类增加，饵料资源丰富，以浮游生物为食的缓流、静水性鱼类将随着水流的方向逐渐迁移到该区域，并成为优势种群，鱼类数量也将会增加。

五、对鱼类产卵场的影响

工程施工会破坏位于卧羊川截引点和石咀子截引点附近的鱼类产卵场，鱼类繁殖期施工会影响鱼类的繁殖。工程运行期，截引点附近形成的小型水库，有利于鱼类繁殖；截引点下游，水量减少，下游调

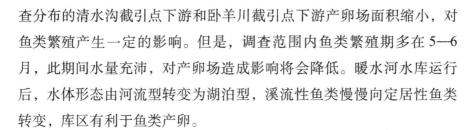

查分布的清水沟截引点下游和卧羊川截引点下游产卵场面积缩小，对鱼类繁殖产生一定的影响。但是，调查范围内鱼类繁殖期多在5—6月，此期间水量充沛，对产卵场造成影响将会降低。暖水河水库运行后，水体形态由河流型转变为湖泊型，溪流性鱼类慢慢向定居性鱼类转变，库区有利于鱼类产卵。

第三节 生态环境保护措施

一、陆生生态保护措施

（一）总体措施

（1）根据工程设计文件明确施工用地范围，进行标桩划界，设置护栏、标志牌等明显界限标志和设施，禁止施工人员、车辆进入非施工占地区域。

（2）合理安排弃土堆放。施工期间，将被占压土地上的表土剥离，地表腐殖层和下部土层分别进行堆放，弃土时先放下层土，最后将表层腐殖土铺于上面。根据施工情况尽可能边弃土边恢复，减少水土流失。

（3）根据施工前植被类型，选用本地物种及时进行植被恢复。林地栽植乔灌混交林，其中乔木选择云杉，株行距为 $3m \times 3m$，灌木选择榛子；渣场等施工场地采用灌木与草结合的方式进行植被恢复，其中灌木选用榛子、沙棘、紫穗槐等，草种选用铁杆蒿、红豆草等。

（4）建立生态破坏惩罚制度，严禁施工人员非法猎捕野生动物；非施工区严禁烟火、垂钓等活动，减少对野生动物的干扰。

（5）鸟类和兽类大多是晨（早晨）、昏（黄昏）或夜间外出觅食，正午是鸟类休息时间。尽可能避免在夜间、晨、昏和正午进行爆破，减少工程施工爆破噪声对野生动物觅食、休息的惊扰。

（6）将研究区内重点保护的和特有的植物印成图片，分发给施工人员，一旦见到，要及时采取移栽等保护措施。

（7）穿越保护区的输水管道埋设完以后，在管道所占用的林地和草地上采取当地物种进行植被恢复，防止外来物种入侵。

（二）分区措施

水土流失防治措施体系由一级分区的不同防治亚区治理措施构成，根据各水土流失防治区的特点和水土流失状况，确定各区的防治重点和措施配置。按照预防措施和治理措施（包括永久措施和临时措施）相结合、工程措施和植物措施相结合的原则，拟定本工程的水土流失防治措施体系。

1. 水库工程防治区

中庄水库和暖水河水库上游库岸绝大部分区段植被保存良好，多为乔灌混交林，根枝发达，植被覆盖率高达85%以上，具有良好的保土保水作用，局部区段植被有损坏形成疏林地或为坡耕地，水库蓄水后，在水库坝下及其坝肩处要恢复植被，可栽植灌木丁香和连翘，株行距为 $1m \times 1m$，穴状整地 $0.3m \times 0.3m$，防护面积为 $1.52hm^2$，共计栽植丁香为7600株，连翘为7600株。

水库后坝坡主体工程采用混凝土隔条内植草皮的护坡方式，能够较好地防治水土流失；在水库外坡脚下栽植乔木侧柏和垂柳，株行距 $2.0m \times 2.0m$，共计栽植侧柏为920株，垂柳为920株。

2. 管道及隧洞工程防治区

项目所在区域为山区，经现场勘察及地形图量测，管道所经地段有一大部分是在山地坡面上，由于项目区降雨比较集中，在隧洞进出口上方布设拦挡排水沟，导走上方来水，共10个主隧洞，20个主进出口，10个施工支洞，10个施工支进口，布设300m；长混凝土板排水沟，排水沟净深0.5m，净底宽0.5m，边坡比为1：1，采用5cm厚的混凝土板砌护、水泥砂浆勾缝。

由于项目区位于国家级水土流失重点治理区，根据各区段地形、气候及土壤条件，选用当地适生的灌木、草种，管道埋设完以后，在管道所占用的 30.32hm² 林地和 10.82hm² 草地上撒播草籽及栽植灌木；草籽撒播密度为 80kg/hm²；灌木株行距 1m×1m，穴状整地 0.3m×0.3m。隧洞进出口上方根据地形情况也应布置植被恢复措施，在洞口两侧撒播草籽，洞口上方栽植攀援植物爬山虎进行攀爬绿化，株行距为 0.5m×0.5m。

输水工程建筑物主要是输水管桥、阀井、路涵、镇墩等，防护措施主要是在 7 座管桥的两侧坡面进行绿化，采取撒播草籽、栽植攀援植物爬山虎进行绿化。南部段灌木选择榛子，草种选择铁杆蒿；北部段灌木选择沙棘，草种选择红豆草。输水主管道及截引支线管道所经地类主要为旱地、林地和其他草地。输水采取管道或穿越隧洞的方式，其管沟开挖采用管沟挖掘机开挖和人工开挖结合的方式，开挖土方就近堆放于管沟两侧，待管道安装完毕后回填土方，平整、恢复原地类。此外，管线开挖出的土方在回填前形成一线状堆积的土埂，对集雨坡面的流线具有重新分割和集流作用，易于引发新的沟蚀危害，雨季应对沿途管线做定期巡查维护，及时对冲刷部位进行人工修整，消除沟蚀隐患。

3. 泵站及工程管理所防治区

泵站工程主要包括石咀子一泵站、石咀子二泵站、暖水河补水泵站，工程管理所包括龙潭水库管理所、暖水河水库管理所、中庄水库管理所、下青石咀管理所。泵站工程及管理所房屋均为砖混结构，靠近村庄、乡镇，在措施布设上考虑与周边环境协调，且能防止水土流失的产生。在泵站的周边栽植当地适生的苹果树和沙枣树，树苗规格为胸径 8cm，株行距为 3m×3m，4 行苹果树，3 行沙枣树；靠近围墙外侧栽植灌木紫穗槐 3 行，株行距为 0.5m×0.5m。在工程管理所院落内侧栽植苹果树，外侧栽植侧柏，栽植规格同泵站工程区，院落外部及内部空闲地栽植小灌木紫穗槐，撒播红豆草籽，撒播量为 80kg/hm²。

其措施量为：苹果树 1400 株，沙枣树 1050 株，侧柏 1050 株，紫穗槐 21000 株，草籽 0.6hm^2。

4. 弃渣场防治区

在堆渣之前，对各渣场表层熟土进行剥离，剥离厚度 40～50cm。根据渣场类型、地形条件和堆渣量，水土保持工程防护措施主要包括挡渣墙、拦渣堰、排水沟等。施工结束后，在各渣体顶面覆盖土层，覆土厚度按 50cm 考虑，渣体边坡覆土厚按 30cm 考虑。覆土全部来自剥离的渣场原表层土。渣场坡面覆土后，选用当地适生灌草种进行绿化。乔木选用云杉，灌木选用榛子和沙棘，草种选用铁杆蒿、红豆草等。共栽植云杉为 6.46 万株，榛子为 14.36 万株，沙棘为 13.08 万株，铁杆蒿为 14.36hm^2，红豆草为 13.08hm^2。

5. 取土场防治区

取土场包括暖水河（秦家沟）取土场、中庄取土场，占地面积分别为 9.0hm^2、30.31hm^2，均位于库区水面淹没范围内，因此施工结束后不采取水土保持措施；在施工前对取土场内的表面杂土进行剥离，剥离厚度为 0.4m。土堆基部采用草袋装土临时拦挡，临时挡墙高度拟定为高 1.0m、顶宽 0.5m、底宽 1.5m。

6. 道路工程防治区

施工道路分永久道路和临时道路，在南部段永久道路两侧来水较多的地段设混凝土板砌筑排水沟，并在两侧栽植乔灌混交林，乔木选择云杉和侧柏（树苗规格为苗木高度 1.2m，单行，株距 3m），灌木选择榛子和沙棘（规格为冠丛高 60cm，3 行，株行距 1m×1m）。施工临时道路使用完后所占用的林地和草地分别栽植灌木榛子和沙棘，株行距 1m×1m，撒播草籽铁杆蒿和红豆草恢复植被，撒播密度为 80kg/hm^2。由于项目区降雨较少且道路远离泵站及蓄水池等工程区，为保证林草成活率，在植物措施实施后需进行幼林抚育，抚育期为 2 年，可根据实际情况进行抚育。

7. 施工生产生活区防治区

施工生产生活区包括生产区、生活区和预制场。工程结束后占用的 5.86hm² 草地全部进行撒播草籽绿化，占用的 10.59hm² 林地全部栽植乔灌混交林。乔木选择云杉，株行距为 3m×3m；灌木选择榛子，株行距为 1m×1m；草籽选择铁杆蒿，撒播密度为 80kg/hm²。根据施工生产区规模、使用时间、周边根据地形及季节挖临时排水沟。

8. 移民安置区

本工程移民安置主要涉及泾源县的暖水河（秦家沟）水库和原州区的中庄水库，在库区淹没范围内的居民需要搬迁。主体工程设计的移民安置区绿化、道路两侧绿化和排水沟均能满足水土保持要求，本次补充设计移民安置区外侧坡面排水沟。

二、水生生态保护措施

（一）水生生物保护

1. 水生生物保护回顾

水生生物保护主要包括栖息地保护、过鱼设施、人工繁殖放流、设立保护区等保护与管理措施。目前采取措施较多是过鱼设施、人工繁殖放流措施。水利部门过鱼设施建设虽然起步较早，但成功经验不多。以鱼道为例：在 20 世纪 60—70 年代，一些规模较小闸坝修建鱼道。如 1960 年黑龙江省光凯湖附近建开流鱼道，初期效果较好。1962 年建鲤鱼港鱼道。1966 年江苏大丰县建成斗龙港鱼道，效益明显，河鳗收购量增加，水系中可见鯮属鱼类和多年不见的白面虾等。1973 年，江苏省邗江县太平闸鱼道建成后，沟通长江与邵伯湖、高邮湖的刀鱼、鳗鱼、蟹的洄游通道，恢复了上游渔业。据 20 世纪 80 年代中期统计，江苏、浙江、上海、安徽、广东、湖南等省市建设鱼道 40 座，后期调查能发挥作用的仅占 1/3 左右。而较大河流上鱼道尚没有成功的先例。20 世纪 70 年代末期修建葛洲坝水利枢纽，为挽救中华鲟，对是否建过鱼设施问题进行反复论证。论证后认为葛洲坝枢纽可不修鱼道，采取建人工增殖放流措施。

2. 存在问题及建议

水生生物保护措施是建立在对水生生物生态习性研究和工程建设影响方式及影响程度基础上。20 世纪 90 年代以来，随着水生生物保护意识的提高，在水利建设项目环境影响评价中均将对水生生物的影响作为重点评价因子，对有洄游性鱼类的河流，均开展了水生生物研究专题。目前水生生物影响预测评价技术不成熟，对鱼类生态习性、资源状态尤其是工程影响方式和过鱼设施设计方案都缺乏充分科学依据和实际经验。因此，应加强水生生物状况的常规监测，深入开展水生生物（鱼类）的资源、生态习性调查，开展必要的科学研究，为环评建立长系列、基础性的科学平台。同时由于我国过鱼设施缺乏成功案例，设计经验不足，过鱼设施的设计规范缺失，应尽快开展过鱼设施技术研究。

（二）施工期

1. 对浮游植物的保护措施

截引工程、泵站基坑、水库大坝修建施工需要涉及水体，会导致泥沙含量增多，水体浑浊，水体透明度下降，浮游植物光合作用降低，工程施工时定期进行水质监测并根据实际情况改进施工工艺，若施工区域水体浑浊严重，应选择间歇性施工方式。

2. 对底栖生物的保护措施

由于截引工程、泵站基坑、水库修建施工占用一定的底栖生物栖息地，所以底栖生物生物量的损失是无法避免的，施工过程中要遵循"不动、少动"的原则，尽量做到不破坏河床、水库底质，对于无法避免的占用开挖应严格控制施工范围，尽量减少对底栖生物栖息地的破坏。

3. 对鱼类的保护措施

（1）合理安排施工时间：应避免在鱼类繁殖期进行施工；若必须在鱼类产卵期施工，应避免夜间施工。施工过程中要尽量保证鱼类的洄游通道的畅通。

（2）加强对施工人员的管理：提高施工人员的鱼类保护意识，严禁施工人员捕鱼，尽量保证鱼类种群数量的稳定。

（3）优化施工工艺：水下施工时尽量避免鱼类受到机械性损伤而死亡，减少水下施工量、施工时间，将对鱼类的干扰、惊吓降到最低，保证鱼类生存生长环境的稳定安全。

（4）减少对鱼类产卵场的破坏：由于各支沟水量不大，水面狭小，产卵场面积较小，一般处在滩涂浅水区，比较容易因破坏而消失，工程建设尽量保持其完整性，最大限度地保证产卵场的功能性。

石咀子村下游产卵场为策底河鱼类的主要产卵场，离石咀子截引点较近，施工影响较大，截引点施工需避开鱼类繁殖期，施工时采取间歇式作业，防止水体长时间浑浊，严格要求施工人员，防止污染事故的发生，施工过程中需保证河流水量，避免浅滩静水区消失。卧羊川、蒿店两个鱼类产卵场在颉河干流上。卧羊川产卵场处在颉河上游，在截引点施工区域，施工将会破坏该产卵场，虽然此处产卵场的破坏无法避免但可以通过控制施工范围来减少产卵场的破坏面积。工程施工也要避开鱼类繁殖期，围堰施工时要采取间歇式作业，发现水体浑浊需停止施工，待水体清澈后再进行施工，施工过程中严防废水、污水进入水体。颉河下游河道还有蒿店鱼类产卵场存在，蒿店鱼类产卵场离施工断面较远，水体浑浊影响不到，同时工程运营期蒿店水量基本充足，所以工程对此产卵场几乎无影响。

龙潭水库产卵场处于库尾和水库沿岸浅水区。工程施工时，龙潭水库水位下降，库区水量会减少，产卵场会随水量的减少而下移，施工主要在库区大坝附近，基本不涉及库区、库尾，施工对产卵场的功能不会有太大影响，但库尾在保护区核心区，一旦水体污染有可能威胁核心区生态稳定，所以施工过程中除要控制施工范围和施工时间外，还要防止污染事故的发生。

太阳洼鱼类产卵场在颍河一级支流上，在截引点以下，紧邻施工区域。这一产卵场距施工点较近，施工活动将会破坏产卵场的完整性，施工影响较大，施工期要严格控制施工人员的活动范围，防止施工人员对产卵场造成不必要的破坏。截引点施工需避开鱼类繁殖期，施工时采取间歇式作业，防止水体长时间浑浊，严格要求施工人员，防止污染事故的发生，施工过程中需保证河流水量，避免浅滩静水区消失。

4. 施工期对两栖爬行类动物的保护措施

施工区域部分河段两栖类幼体蝌蚪种群数量较大，施工过程中要做好驱赶、救护工作，防止施工对其造成伤害。六盘齿突蟾是寒冷山溪中的动物，栖于水质清澈的流水中，但除繁殖季节外很少在水中见到，平时隐于岸边石块或灌丛下。与蛙类不同，产卵于石块下，蝌蚪在水中越冬。所以，冬季施工时如发现有蝌蚪存在需要做好保护工作，如发现有蝌蚪需转移到远离施工区水域。

（三）运行期

1. 生态放水设施

（1）截引点生态放水措施。为了保证生态流量的下泄，工程在各截引点溢流坝底上设生态水量放水管作为生态流量放水措施。工程在4个截引点设置了生态水量放水管，管径80mm。策底河石咀子截引点设生态通道兼具生态放水功能。各截引点下泄生态水量及放水管设置见表6-8。

表 6-8　各截引点下泄生态水量及放水管设置

序号	截引点	生态水量/（m^3/s）	管径/mm
1	红家峡	0.02	80
2	石咀子	0.06	—
3	白家沟	0.01	80
4	清水河	0.03	80
5	卧羊川	0.03	80

（2）水库生态放水措施。龙潭水库采用溢流坝顶闸门进行生态水量下泄，工程共设置4孔闸门，经计算，2孔闸门底距溢流坝顶留5cm空隙能够满足生态水量需求，不受人为控制。暖水河水库采用坝后加压泵站进水阀前钢管放水：水流从坝前库内通过钢管输水穿大坝进入坝后加压泵站，加压泵站进水前进行分流：一部分水入加压泵站经加压后入主管道供水，另一部分作为生态水量下泄下游河道。考虑生态水量偏小，不易控制，因此生态放水管设置流量调节阀，保证生态水量的正常下泄。

（3）生态放水监控方案。截引断面及水库生态放水日和省界断面设置流量计量阀，建议由相关水利或环保管理部门加强监控，确保按照设计确定的多年平均径流量的10%进行生态水量下泄。

2. 对浮游生物、底栖生物的保护措施

新建水库由于营养物质丰富，浮游生物、底栖生物生存环境优越，生物量将会明显增加，因此工程运行期要防止各类污染物进入水体。

3. 对鱼类的保护措施

（1）生境保护及修复。调查区域鱼类以冷水性小型鱼类为主，对鱼类的保护措施以生境保护及生境修复为主。鱼类正常生存对流速、水深有一定的要求。本次调查中采到鱼类最大体长为9.3cm，按照鱼类对水深的要求为体长的2.5倍来计算，需要水深为0.23m。鱼类分布河段实测流速为0.187~0.445m/s，最小流速为0.187m/s，因此建议采用以下四种保护及修复措施：①截引点下游可采取相应的工程措施，使各支沟河道变窄，河道变窄后，生态流量下泄距离增大，有利于鱼类生存。②在各支沟两岸建立石块堆砌的水潭，水潭修建在截引点下游 1km 以内，数量为 10 个左右。在枯水期，新建的深潭可以成为鱼类暂时的避难所；在产卵期，水潭可以作为鱼类产卵场及鱼苗孵化场所。③在截引点上游加强对鱼类群落结构的监测。④龙潭水库上游河段属于六盘山国家级、省级保护区，该河段生态系统结构相对完整，对该河段的生境保护纳入六盘山保护区的范畴。初步估算，生境保护及修复周期为 6 年，初步估算投资为 40 万元。

（2）建设生态通道。截引点所在支沟由于坝体的修建将导致鱼类洄游受阻，由于截引点周边鱼种类、种群数量较少，鱼类资源一旦受到破坏将很难恢复。目前的过鱼设施主要有生态通道、鱼闸、升鱼机和集运渔船，以及其他诱鱼、导流等辅助设施，可以帮助鱼类顺利通过坝体，因此选择合适地点建设生态通道，对减免截引点河沟鱼类影响十分必要。

（3）生态通道场址比选。实地调查的结果表明，工程涉及的截引点共有 7 个，其中红家峡截引点属于泾河二级支沟，白家沟截引点属于暖水河支沟，暖水河水库截引点属于泾河支流，龙潭水库截引点为泾河干流，石咀子截引点为策底河干流，卧羊川截引点、清水沟截引点为颉河支流，以下对各截引点建设生态通道的可行性进行分析。

方案一：生态通道设置在红家峡截引点。红家峡属于泾河二级支沟，经过实地调查，红家峡截引点，6—7 月河宽为 1.40～1.46m，水深为 0.085～0.130m，河流的自然条件不能满足生态通道建设所需的条件，因此该方案不可行。

方案二：生态通道设置在白家沟截引点。根据实地调查，白家沟河宽为 2.4m，水深为 0.21m，河道自然环境适合于建设生态通道，但是在自家沟截引点下游为新建的暖水河水库，如果在此处修建生态通道，鱼类通过生态通道到达水库，由于水库与天然河道的自然环境差异较大，水温比天然河道的水温高，不适应高原鱼类的生存，在此处设置生态通道对于保护洄游鱼类意义不大，因此该方案不可行。

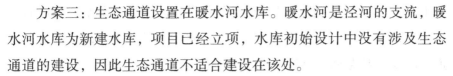

方案三：生态通道设置在暖水河水库。暖水河是泾河的支流，暖水河水库为新建水库，项目已经立项，水库初始设计中没有涉及生态通道的建设，因此生态通道不适合建设在该处。

方案四：生态通道建设在卧羊川截引点。卧羊川截引点位于颉河干流，根据实地调查，该段河流河宽只有0.80m，水深0.12m，河流的自然条件不能满足生态通道建设的条件，因此该方案不可行。

方案五：生态通道设置在清水沟截引点。清水沟截引点位于颉河的一级支流，根据实地调查，颉河支流的清水沟截引点的河流河宽及水深都不适合生态通道的建设，因此该方案不可行。

方案六：生态通道设置在龙潭水库。龙潭水库是本工程的取水首要枢纽工程，可以在此处设置生态通道。但是龙潭水库由于地理及环境特点，不适合生态通道的设置，主要原因有：①龙潭水库现在是当地一个重要的旅游景点，其1km范围以内属于瀑布区，有多级瀑布和峡谷激流区，在此处修建生态通道，会对当地的旅游业产生一定的影响。②在龙潭水库修建初期，没有涉及生态通道的建设，而且坝上宽度约为10m，该大坝只有4个泄洪闸，每个宽2m。已将原有坝址顶端全部占完，采用坝顶溢流设计，首先要满足防洪需求，没有空余坝址。不能满足修建生态通道的要求。③龙潭水库库区周围地质结构属于砂岩，该区域塌方严重，属于滑坡滚石多发区，不利于生态通道的修建。④该水库在20世纪就已经建成，库区上游已经形成高原鳅、拉氏鱥完整的鱼类群落结构，如果修建生态通道，会对原有的鱼类群落结构产生一定的影响。⑤修建生态通道一般需要5~10个鱼类休息池，根据测量，从龙潭水库下游500m处，第一潭到龙潭水库坝顶高程超过80m，地形复杂，地质结构松散，设计、施工技术难度很大，因此该方案基本不可行。⑥河流的土著鱼类均不是国家和地方保护鱼类。

方案七：生态通道设置在石咀子截引点。根据实地调查，并结合工程建设，生态通道场址选择在石咀子。主要原因有：①石咀子截引点所在河流为策底河干流，水量较大，该流域水温较低，适合冷水鱼的生存。②结合本工程建设，石咀子共设置两级加压泵站，设计的流量为 0.55m³/s，引水水位为 1739.5m，水位高差 5.48m，修建生态通道，坡度一般为 8%～12%，以上参数适合于修建生态通道。

综上所述，生态通道的场址应选择在策底河石咀子。工程布置：生态通道进水口高程为 1744.98m。进口底板与河床平缓相接，使底层鱼类可以沿河床找到仿自然通道进口，进口处通道底部铺设一些原河床的砾石，以模拟自然河床的底质和色泽，制造诱使鱼类进入的流场。生态通道出水口高程为 1739.5m。综合考虑坝址处的鱼类资源量和工程坝址地形、工程布置等因素，为满足过鱼需要，本通道宽度取 0.15～0.20m，生态通道坡度为 8%～12%。仿自然通道全长 45.67～68.5m。

为适应上、下游水位的较大变幅，通道的出口设置控制闸门，以调节和控制通道内的水流流量和流速，保证下游进口的水深不会过高或过低，确保通道水流能满足鱼类的上溯要求，闸室上部为启闭机室，用以控制闸门启闭。设计的闸门高度需比溢流坝高出 0.8～1m，主要是为了保证生态通道内有充足的水流可以满足鱼类的需求。在汛期，为了防止黄河泥沙进入生态通道，需要关闭闸门。为了保证生态通道满足鱼类上溯要求，需要定时检修闸门及生态通道。休息池设计为无底坡，形状为圆形，半径为 0.5m，可以根据地形进行开挖。本通道休息池间隔 1m 设置 1 个，共设置 22～33 个休息池。生态通道两岸边坡可以种植树木以使两岸结构稳定，生态通道主要参数见表6-9。

表6-9 生态通道主要参数一览

项目		单位	指标	说明
运行特征	进口高程	m	1744.98	
	出口高程	m	1739.5	
	设计流速	m/s	0.23	

续表

项目		单位	指标	说明
结构尺寸	休息池数目	个	22 ~ 33	圆形
	休息池半径	m	0.5	
	休息池间隔距离	m	1	
	通道总长度	m	45.67 ~ 68.5	
	生态通道坡度		8% ~ 12%	
	生态通道高度	m	2.3	
	生态通道宽度	m	0.15 ~ 0.2	

注：以上参数均为理论算值，设计时应经过物理模型试验结果进行验证、优化后方可使用。投资估算：初步估算生态通道投资为 100 万元。

三、生态监测措施

（一）六盘山自然保护区监测

监测目的、内容、方法和频次分别是对本工程建设前后保护区占地范围内生态变化情况进行监测，掌握工程建设对保护区的影响程度，为环境监督、环境管理提供依据；监测内容包括工程穿越保护区缓冲区和实验区段施工区域的土地利用状况，植物群落的种类、数量、分布状况，动物种群的种类、数量、分布，植被和土壤的破坏情况；监测方法采用遥感与实地调查等相结合的方法；施工期及工程运行初期的 2 年内每年进行 1 次监测。

（二）弃土区土地复垦监测

监测目的、项目、方法和时段分别是监测目的为及时了解研究区域内植被恢复、土地复垦等情况；监测项目包括植物种类、物种丰富度、植物群落盖度、地上生物量、植物高度等；在样带内选择不同植物群落布设 1m × 1m 的样方进行调查；每年 7 月监测 1 次，共监测 2 年。

（三）库区周边土壤环境的监测

监测目的、项目、方法和时段分别是监测目的为及时了解水库周边农田是否发生沼泽化现象；监测项目包括土壤含水量、植物群落盖度、地上生物量、丰富度等；在库周低洼地的农田采集土壤样品，测试含水量，并选择不同植物群落布设 1m×1m 的样方进行调查；每年 7 月监测 1 次，从水库蓄满后，监测 2 年。

（四）水库周边啮齿类监测

监测项目和时段分别是调查下闸蓄水时间里鼠类的分布状况，尤其是导致流行性出血热的媒介——黑线姬鼠的分布和密度，此调查应同流行性出血热发病率一并调查；下闸蓄水期 6—8 月监测 1 次。

（五）水土流失监测

1. 监测目的及任务

监测目的为适时掌握工程建设期水土流失状况。结合工程建设和水土流失的特点，对本工程主要水土流失部位的水土流失量及水土流失的主要因子进行监测，分析各因子对水土流失的作用机制，分析工程建设区水土流失的动态变化，监测水土保持措施实施效果；监测水土流失造成的危害，编制监测报告。

2. 监测内容、方法和频次

监测内容是监测建设项目区占用地面积、扰动地表面积、扰动类型，确定土壤流失情况；开挖面土壤流失量监测，临时弃土防护措施数量及效果监测；植物措施数量、成活率、保存率和生长状况，工程措施的数量及其防护效果实施监测；影响水土流失的主要因子监测；水土流失危害监测。

监测方法是根据不同的因子，选择不同的方法进行监测，做到地面监测与调查监测相结合。本方案主要采用定位观察法、实地测量法及巡查法。

监测频次分为工程建设期和工程运行期两个时段。工程建设期对易发生水土流失的场所，在施工及水土保持实施过程中的 5 月（雨季前）、7 月（汛期）、10 月（雨季后）进行监测，一年 3 次。工程运行期第一年，即各工程完工后第一年的 5 月（雨季前）、10 月（雨季后）各监测 1 次。

3. 监测站布设和监测实施保证措施

根据工程水土流失的特点和水土保持措施布局特征，布置 10 个测站点，布设于管线铺设区及弃土区；水土流失监测站技术人员应专业配套齐全，并经专门培训上岗。应建立严格的监测制度，对每次监测结果进行记录、分析、统计，及时报送建设管理单位，并做好档案管理工作。根据《中华人民共和国水土保持法》的要求，水土流失监测费由建设单位承担，专款专用，保证监测工作的正常运行。

（六）水生生物监测

1. 监测点及监测频率

根据实地调查情况，共设置 6 个监测点：策底河设置石咀子监测点；颉河设置 3 个监测点，分别为蒿店、卧羊川、太阳洼；泾河设置 2 个监测点，分别为龙潭水库及崆峒水库。每年春季 3—4 月，秋季 9—10 月对各个监测点分别进行两次监测，监测的范围为各个监测点的上、下游河段。

2. 水生生物监测

水生生物监测包括各支沟下游、水库的浮游生物、底栖动物、水生维管束植物的种类、分布密度、生物量等的监测。鱼类集群和种群动态包括鱼类的种类组成、种群结构、资源量的变化等。鱼类产卵场监测内容包括产卵场的分布与规模、鱼类的繁殖时间和频次、产卵场水文要素（温度、流速、水位）等。对鱼类产卵场进行监测，如果发现现有鱼类产卵场萎缩严重，需要人工改造河道，创造适宜鱼类产卵的环境，保证鱼类的正常生长繁殖，以保证鱼类的资源量的稳定。

第七章 新时期水利工程的管理研究

第一节 工程管理的任务和工作内容

一、水利工程管理的任务

工程管理的主要任务要确保水利水电工程的安全、完整，充分发挥工程和水利资源的综合效益；通过工程的检查观测，了解建筑物的工作状态，及时发现隐患，进行必要的养护，维修和加固；验证设计的正确性，开展科学研究，不断提高管理水平，逐步实现工程管理现代化；必要时进行扩建和改建，以便更好地满足和促进工农业生产和国民经济事业发展的需要。

水利水电工程的管理工作，既是长期的、细致的、复杂的工作，又是一项综合性的工作。所以要求管理人员应具备规划、设计、施工、管理等方面的知识，要有认真负责的工作态度才能把工程管好。逐步使管理工作科学化、现代化，可持续发挥工程的经济效益、社会效益和生态环境效益。

二、水利工程管理的内容

（一）检查观测

水利工程检查观测是水利工程管理最重要的工作之一。检查是指主要凭感官的直觉（如眼看、耳听、手摸等）或辅以必要的工具，对水利工程中的水工建筑物及周围环境的外表现象进行巡视的工作；观测则是利用专门的仪器或设备，对水工建筑的运行状态及变化进行观测的工作。管理人员应经常对建筑物进行全面的、系统的检查和观测，随时掌握建筑物状态的变化和工作情况，及时发现问题并采取措施，保证工程安全运用。设计时，应确定必要的观测设备的布置，为检查观测创造必要的条件。施工中要有详细的工程质量情况的记录，管理人员应了解工程质量情况，以便进行必要的针对性观测。

（二）养护维修

水利工程养护维修是指对土、石、混凝土建筑物，金属和木结构，闸门和启闭设备，机电动力设备，通信、照明、集控装置及其他附属设备进行的各种养护和修理。养护工作的目的是保持水工建筑物和设备、设施的清洁完整，防止和减少自然和人为因素的损坏，使其经常处于完好的工作状态，保持设计功能。修理工作的主要目的是恢复和保持工程原有设计标准，使其安全运行。养护修理应本着"经常养护，随时维修，养重于修，修重于抢"的原则进行，一般可分为经常性维修、岁修、大修和抢修。经常性的养护是根据经常检查发现的问题而进行的日常保养维修和局部修补；岁修是根据汛后检查所发现的问题，编制计划并报批的年度修理；如工程损坏较大或工程存在严重的隐患，修理工程量大、技术复杂时，就需要专门立项报批进行大修；抢修是工程发生事故危及安全时，应立即进行的修理工作，如险情危急，则需采取紧急抢护措施，也称抢险。

（三）防汛抢险

防汛抢险是一项由政府组织领导的安全性的、涉及各方面的重大工作，与水利工程管理密切相关，也是水利工程管理单位的一项重要工作。防汛是在汛期进行的防御洪水的工作，目的是保证水库、堤防和水库下游的安全。防汛抢险工作的主要内容有：汛前的准备工作，汛期水库大坝、堤防、水闸等防洪工程的巡察防守，气象水情预报、蓄洪、泄洪、分洪、滞洪等防洪设施或措施的调度运用，发现险情后的抢险等。

（四）扩建与改建

水利工程建成后，若发现原工程有严重缺陷而必须进行消除时，或国民经济的发展对该水利工程提出更高要求，而原有工程设施不能满足要求时，应考虑对原有工程进行改建和扩建。一般地说，扩建和改建决策，应在技术经济论证的基础上，经有关上级部门的批准，按基本建设程序，进行设计和施工。

第二节　水工建筑物的检查观测与维护改建

一、水工建筑物的检查与观测

水工建筑物受各种荷载的作用和外界因素的影响，其状态及工作情况不断发生变化，故必须进行检查观测。除直接观察检查外，要积极采用遥测，自动记录等现代化观测技术，对观测资料、数据等及时进行整编、分析。目前在我国正在推广应用电子计算机进行数据处理，以提高检查观测工作的效率和质量。

（一）检查观测工作的内容

1. 巡视检查

水工建筑物的巡视就是用眼看、耳听、手摸、鼻闻、脚踩等直观方法或辅以锤、钎、钢卷尺、放大镜、石蕊试纸等简单的工具，对工程的表面和异常现象进行检查。检查项目和内容有：

（1）土石坝和堤防检查。检查土石坝和堤防表面的变形。如检查坝面有无裂缝、滑坡、隆起、塌坑、冲沟；检查坝顶、路面及防浪墙是否松动、崩塌、垫层流失，草皮护坡有无塌坑、冲沟等；检查土石坝和堤防有无异常的渗透现象。如检查背水坡及坝址有无散漫、阴湿、冒水、管涌等现象；检查排水系统、导渗降压设施、基础排水设施等的工况是否正常；检查渗漏水量、咽侧、气味、浑浊度等有无变化；检查土坝和堤防与岩体、混凝土或砌石建筑物的连接处有无裂缝、错动、渗水等现象；检查有无兽洞、蚁穴等隐患。

土石坝的巡视检查分为日常巡视检查、年度巡视检查和特别巡视检查三类。

1）日常巡视检查。应根据土石坝的具体情况和特点，制定切实可行的巡视检查制度，具体规定巡视检查的时间和检查顺序，让有经验的技术人员负责进行。巡视检查的次数：在施工期宜每周两次，但每月不得少于 4 次；在储蓄水期或水位上升期间，宜每天或两天一次，但每周不得少于 2 次，具体次数视水位上升或下降速度而定；在运行期，宜每周一次，但每月不得少于 2 次，但汛期高水位时应增加次数。

2）年度巡视检查。在每年的汛前汛后、用水期前后、冰冻较严重的冰冻期和冰融期、有害地区的白蚁活动显著期等，应对规定的检查项目进行巡视检查。检查次数，视地区不同而异，一般每年不少于 2~3 次。

3）特别巡视检查。当遇到严重影响安全运用的情况（如发生暴雨、大洪水、地震、强热带风暴以及库水位骤升或骤降等）、发生比较严重的破坏现象或出现其他危险迹象时，应由主管单位负责组织特别巡视检查。

（2）混凝土和砌石建筑物的检查。检查混凝土和砌石建筑物有无明显的变形情况、裂缝和破损。如检查坝段（闸段）之间的错动、伸缩缝开合情况和止水的工作状况，上下游坝坡和廊道内有无破损、剥蚀、露筋、钢筋锈蚀、溶蚀或水流侵蚀等现象。

检查基础岩体有无挤压、错动和鼓出，坝体与基岩（或岸坡）结合处有无错动、开裂、脱离及渗水，坝肩有无裂缝、滑坡现象。

检查渗流情况。如检查基础排水设施和工作状况，渗漏水量、浑浊度等有无变化，坝肩有无溶蚀及绕渗等情况。

检查泄水和引水建筑物。如检查进水口和引水渠有无堵淤，拦污栅有无损坏，溢洪道的闸墩、边墙、胸墙、溢流面等处有无裂缝和损伤，消能设施有无磨损、冲蚀，下游河床及岸坡的冲沙淤积情况等。

（3）闸门金属结构和设备的检查。闸门主要检查门叶、门槽、支座、止水设施等是否完好，能否正常工作，有无不安全因素，特别要检查启闭机能否正常工作、备用电源与手动启闭机是否可靠等。

金属结构物应检查有无裂纹、锈蚀、开焊、零件松动等迹象。

附属设备应检查动力、照明、通信、防雷等设备，线路是否正常完好，能否正常工作。

2. 变形观测

一般情况下，水工建筑物在施工和运用期会发生变形，这是正常现象。但这些变形应有一定的规律和限度，因此变形情况反映了水工建筑物工作是否正常。若出现非正常情况，应及时分析原因采取相应的措施。

变形观测的内容主要是水工建筑物的水平位移、垂直位移、伸缩缝的开合情况，以及裂缝的位置、长度、宽度和走向等。各类建筑物的变形观测项目必须依据工程等级、坝型、坝高及不同工程安全监测的需要来选择，具体可参照有关规范进行。

变形观测的各项目依照不同的坝型、地质地形条件、枢纽布置等具体情况可以采用不同的观测方法，观测方法所选用的仪器、埋设要求不同，读数次数和精度也不尽相同，故应按照工程的实际需要和观测项目重要程度选择合适的观测方法。

3. 渗流观测

土坝的渗流观测包括以下几种：浸润线、坝基渗流压力、渗流量、绕坝渗流观测等。

（1）浸润线观测。库水通过坝体渗流到下游，在坝体内形成一个逐渐降落的自由渗流水面，成为浸润面；浸润面与坝体横断面的交线成为浸润线。浸润线的高低和变化，与土石坝的安全有密切关系。因设计理论的不完善、采用参数与实际情况的差异、施工不良、管理不善等原因，土石坝在运用时的浸润线位置往往与实际的设计位置不同，如果设计的浸润线位置高于设计值，就会降低坝坡的稳定性，甚至会造成失稳滑坡。所以，浸润线观测是土石坝最重要的渗流观测项目。

土石坝浸润线和渗透动水压力观测常用孔隙水压力计（渗压计）和测压管，测压管实际也是一种应用最早、结构最简单的渗压计。通常在土坝坝体内选择有代表性的横断面埋设测压管，并利用专门的仪器测量管中的水位高程，以掌握浸润线的形状及变化。测压管断面布置的多少，应根据工程的重要性、建筑物的规模以及地质条件等决定。对于大中型土坝，测压管断面不应少于 3 个，并尽量与变形、应力观测断面相结合，每一个测压断面布置 3~4 条观测铅垂线，应根据坝型结构、断面大小和渗流场特征来布置测点。如均质坝的上游坝肩、下游排水体前各 1 条，其间部位至少 1 条；斜墙（或面板）坝的斜墙下游侧底部、排水体前缘和其间部位各 1 条；宽塑性心墙坝，墙体内可设 1~2 条，心墙下游侧和排水体前缘各 1 条；窄塑性心墙坝或刚性心墙坝，墙体外上下游侧各 1 条，排水体前缘 1 条。

测压管的种类和结构应该根据工程的具体情况和对观测资料的要求选用。一般采用镀锌钢管或硬塑料管，内径不大于 50mm，主要由进水管段、导管段和管口保护设备三部分组成。

1）进水管段。进水管段必须保证坝体的渗透水能进入测压管内，并真实地反映出进水管所在位置的渗流水头。为此，管壁需要有足够的开孔率，开孔率取决于土质或筑坝材料的透水性，黏性土的开孔率约为 15%，无黏性土的开孔率约为 20%，孔径一般为 4~6mm。金属测压管进水段孔径一般为 6mm，孔与孔的纵距为 100~120mm，横向一般沿管周分四排，梅花形排列，钻孔的毛刺应打掉。进水管要求能进水滤土，以防止坝体土料进入管内，故外壁应包无纺土工织物滤层。透水段与孔壁之间用反滤料填满。进水管段长度一般为 1~2m，当用于点压力观测时应小于 0.5m。

2）导管段。导管是进水管引伸到坝体表面以便测量管内水位的一端连接管。导管要求管壁和导管接口处不漏水，内壁光滑，直径、材料与进水管段相同。导管一般为直管，当观测上游防渗铺盖下或斜墙下游渗透水头时，采用 L 形导管。

3）管口保护设备。管口保护设备的作用是防止雨水、地表水流入测压管内或沿测管外壁流入坝体，避免石块、杂物落入管中堵塞测压管、导管。保护设备一般采用混凝土预制、现浇混凝土或砖石砌筑，除满足功能要求外，能锁闭且开启方便，结合测读方法及测量仪表的要求确定合理的尺寸和形式。

（2）坝基渗流压力观测。为坝基渗流压力观测目的在于了解坝基渗流压力的分布，监视土石坝防渗和排水设备的工作情况；估算坝基渗流实际的水力坡降，判断运行期有无管涌、流土等渗透破坏的问题；根据渗流压力的分布及大小并结合工程的水文以及地质条件进行坝基渗透稳定分析。

坝基渗流压力通常是在坝基埋设测压管来进行观测，如果受到条件设置无法布置测压管，再选用其他形式渗压计。观测断面的选择，主要取决于地层构造、地质构造情况，断面数一般不少于 3 个，并顺流线方向布置或与坝体渗流压力观测断面相重合。观测横断面上的测点布置，应根据建筑物地下轮廓线形状、坝基地质条件以及防渗和排水形式等确定，一般每个断面上的测点不少于 3 个。坝基渗压管的结构和观测与观测浸润线的测压管基本相同，但进水管段较短，一般小于 0.5m。坝基渗流压力观测一般与浸润线同时进行，但在水位每上涨1.0m，下降 0.5m 时观测一次，以掌握渗流压力随着库水位变化的相应关系。

（3）渗流量观测。渗流量观测不仅能了解水库的渗漏损失，更重要的是监测土石坝的安全，国内外一些大坝就是从观测渗流量突然增大而发现险情的。由于渗流量观测能直观地反映大坝的工作状况，因此渗流量观测是坝工管理中最重要的观测项目之一，必须予以高度重视。

渗流量观测包括渗漏水的流量及其水质观测。水质观测中包括渗漏水的温度、透明度观测和化学成分分析。

大坝的总渗流量有三部分组成，即通过坝体的渗流量、通过坝基的渗流量、通过两岸绕渗或两岸地下水补给的渗流量。为了检测各部分的渗流量，应尽量分区观测，并要特别重视坝基浅层、心墙和斜墙的渗漏，因为他们对大坝的安全关系密切。观测渗流量的方法根据渗流量的大小和汇流条件，可选用容积法、量水堰法或测流速法。其中量水堰法一般用三角堰或矩形堰来测量，适用于流量变化较小的情况，结构简单且精度高。当流量小于 1L/s 时，宜采用容积法；当渗流量较大，受落差限制不能用量水堰时，可以将渗水引到平直的排水沟中，采用流速仪或浮标观测渗水流速，计算渗流量。

渗水水质观测是对水工建筑物及其基础渗水所含物质含量及成分的观测分析，主要包括物理指标和化学指标两部分。其中物理指标有渗漏水的温度、pH 值、电导率、透明度、颜色、悬浮物、矿化度等。化学指标有总磷、总氮、硝酸盐、高锰酸钾、溶解氧、生化需氧量等。其目的是了解渗水所含物质的成分、数量以及变化规律，借以判断是否存在管涌，检验是否产生化学溶蚀，以便及时采取处理措施，保证工程安全。

渗水透明度的观测是为了判断排水设备的工作是否正常，检查有无发生管涌，对土坝及坝基的渗水应进行透明度观测。观测方法是在渗水出口处用玻璃瓶取水样，利用透明度管（高 35cm，直径 3.0cm）观测实验。当渗水透明度大于 30cm 时，渗水即为清水，反之为浊水。若渗水为浊水时，表明排水设备工作失效，有发生管涌的可能，需及时采取措施处理。

（4）绕坝渗流观测。水库蓄水后，上游库水绕过两岸坝头或坝体和岸坡的接触面渗到下游，称为绕坝渗流。绕坝渗流一般是一种正常现象，但如果坝与岸坡接触不好，或岸坡陡出现裂缝，或岸坡中有未探明的强透水层，即可能发生渗透变形，危及大安全。为判断两岸坝肩和岸坡的接触部位、土石坝与混凝土或砌石闸坝的连接面是否发生异常渗漏，应在相关位置埋设测压管或孔隙压力计。

土石坝绕坝渗流观测，包括两岸坝端及部分山体、土石坝与岸坡或混凝土建筑物接触面、防渗齿墙或帷幕灌浆与坝体或两岸结合部等关键部位。土石坝两端的渗流观测，宜沿流线方向或渗流较集中透水层设 2~3 个断面，每个断面布置 3~4 条观测铅垂线。土石坝与刚性建筑物结合部的渗流观测，在轮廓线的控制处设置观测铅垂线，沿接触面不同高程设观测点。岸坡防渗齿墙或帷幕灌浆的上下游侧各设 1 个观测点。

混凝土重力坝绕坝渗流测点的布置应根据地形、枢纽布置、渗流控制设施及绕坝渗流区岩体渗透性而定。两岸帷幕后顺帷幕方向布置两排测点，测点分布靠坝肩较密，帷幕前可布置少量测点。对于层状渗流，可利用不同高程上的平洞布置测压管。

（5）土压力观测。土压力观测是水工建筑物安全监测和土木工程测试常见项目之一。土压力观测分两种情况，一是土体内部压力分布观测，如土石坝内部应力观测；二是土休与刚性建筑物的接触应力观测，如土和堆石等与混凝土、基岩面或圬工建筑物接触面上的土压力观测。土压力观测可采用土压力计直接测定。

4. 混凝土坝的观测

（1）坝基扬压力观测。混凝土重力坝坝基扬压力观测，一般是在坝体内埋设测压管或在坝基接触面上埋设差动电阻式渗压计。应根据建筑物的类型、规模、坝基地质条件和控制渗流的工程措施等进行设计布置一般应设纵向观测断面 1~2 个，1、2 级坝横向观测断面少于 3 个，每个测压断面上 3~4 个测点。

（2）混凝土坝的应力、应变观测。为了解混凝土坝在不同工作条件下内部应力的分布和变化，以便为工程的控制运用、安全监测以及验证设计和科学试验提供资料。可根据工程的重要性、建筑物的类型、受力情况和地基条件，选择一些具有代表性的坝段进行应力、应变观测。重力坝一般可选一个溢流坝段和一个非溢流坝段作为观测坝段，在该坝段上除靠近地基（距地基部小于 5m）布置一个观测截面外，还可根据坝高、结构形式等条件布置几个截面，每个截面上最少布置

3 个测点。在施工期间在坝体内埋设应变计，以电缆引至观测站的集线箱，用比例电桥测读应变计的电阻和电阻比，计算出其应力。

（3）混凝土坝的温度观测。混凝土坝的观测主要是观测内部温度分布及变化情况，为防止温度裂缝及确定灌浆时间提供依据。测点分布应该是越接近坝体表面越密，在钢管、廊道、宽缝和伸缩缝附近，测点应适当加密。混凝土坝内部温度的观测，可采用电阻式温度计，在坝体施工期间埋设在混凝土内，测定温度计的电阻即可换算出相应的温度。

（二）观测资料的整理分析

观测资料的整理分析和反馈是水利工程安全监测工作中必不可少的组成部分，也是进行安全监控、指导施工和改进设计方法的一个重要和关键的环节，在水利工程的施工、管理和运行等不同阶段都将发挥重要作用。

由于水利工程自身的特殊性和复杂性，一般情况下直接采用安全监测原始数据对建筑物运行状态进行评估和反馈是困难的。因此，须根据安全监测不同时段的不同特点和要求，分别选用不同的手段和方法，认真做好：下列各项工作。

1. 观测资料整理分析反馈的基本内容和方法

大坝和建筑物等各类水利工程观测资料的整理、分析、反馈的方法和内容，通常包括以下 5 个方面：

（1）资料收集。包括观测数据的采集，与之相应的其他资料的收集、记录、存储、传输和表示等。

（2）资料整理。包括原始观测数据的检验、物理量的计算、填表制图、异常值的识别与剔除、资料的初步分析和整编等。

（3）资料分析。通常采用比较法、作图法、特征值统计法和各种数学、物理模型法，分析各观测物理量的大小、变化规律、发展趋势、各种原因量和效应量的相关关系和相关程度，以便对工程的安全状态和应采取的技术措施进行评估决策。

（4）安全预报和反馈。应用观测资料整理和分析的成果，选用适宜的分析理论、模型和方法，分析解决工程面临的实际问题，重点是安全评估和预报，其次是对工程提出加固措施，同时也为工程设计、施工及运行方案的优化提供参考依据。

（5）综合评判和决策。综合评判和决策是收集各种类型的材料（包括设计、施工的观测和目测资料），对这些资料进行不同层次的分析（包括单项分析、反馈分析、混合分析以及非确定性分析），找出荷载集与效应集之间定性和定量关系。对各项资料和成果进行综合比较和推理分析，评判工程的安全状态，制定防范措施和处理方案。综合评判和决策是反馈工作的深入和发展。

2. 资料整理的基本内容

（1）复核原始观测数据的计算是否准确。如水平位移观测，正、倒镜度数平均，各测回平均、间隔位移量计算等，都要进行复核。

（2）进行精度检查。各项计算成果经复核无误后，即进行精度检查，检查观测成果有无超过允许误差，是否符合精度要求。

（3）进行合理性检查。若发现个别测值不合理时，应查明原因。

（4）基准值的检查。基准值直接影响测值的计算成果和资料分析的正确性，必须慎重选定。

（5）填报表格。各项测值和计算成果经复核无误后，即可填入统计表内。

（6）绘制曲线图。将各种观测成果绘制成过程线、分析图及关系曲线，直观地展现出观测值得变化规律和趋势以及各种观测的合理性和可能误差程度。

（7）资料整编。观测资料的整编是定期或按上级主管部门要求进行系统全面的观测资料整理工作，在平时整理、分析工作的基础上汇编成系统的资料，并刊印成册，以供分析使用。整编内容包括工作情况、观测设备的布置、结构和变化情况、观测方法、精度、测次以及观测中发生的问题。原始数据的整理和整编的工作量很大，目前已采用计算机进行观测数据处理，对工程的安全监测能及时提供所需的信息。

二、水工建筑物的维护与改建

由于水工建筑物长期和水接触，受到各种荷载的作用，水的侵蚀作用，泄流时产生的冲刷、空蚀和磨损等作用，以及设计时考虑不周或施工质量控制不严等原因都会引起在运动中出现各种问题。如不均匀沉陷、渗流变形或形成裂缝等。这些问题都需要及时进行解决和处理。

水工建筑物的养护维修应根据"养重于修，修重于抢"的精神，做到定期养护，小坏小修，随坏随修，以尽量避免或减轻建筑物的损坏，保证建筑物正常安全运行。

（一）土石坝的养护修理

土石坝的病险情主要有裂缝、滑坡和渗透以下三个方面。

1. 土石坝的裂缝及处理

裂缝是土石坝和堤防最普遍的病害，裂缝可能在渗流作用下发展成渗透变形，以致溃坝失事；也可能发展成为滑坡，导致坝体滑塌；有的裂缝虽未造成失事，但影响正常蓄水，长期不能发挥水库效益。因此对于裂缝尤其是危害性较大的裂缝，必须引起足够的重视，应及时查明原因，及时采取有效措施，防止裂缝的发展和扩大。

（1）裂缝类型和成因。裂缝按其方向可分为纵向裂缝、横向裂缝和水平裂缝；按其产生的原因可分为干缩裂缝、冻融裂缝、不均匀沉陷裂缝、滑坡裂缝、水力劈裂缝、塑流裂缝、振动裂缝；按其部位可分为表面裂缝和内部裂缝等。下面介绍几种主要类型裂缝的成因及其特征。

1）按其产生的原因可分为：①干缩裂缝。干缩裂缝是由于土体暴露在空气中，表面受日光暴晒，表层水分迅速蒸发干缩而产生裂缝。干缩裂缝一般对土石坝危害性不大，但如不及时维修处理，雨水沿裂缝渗入，发生冲蚀或降低裂缝区土体的抗剪强度，使裂缝扩展。②冻融裂缝。在寒冷地区，坝体表层土料因冰冻而产生收缩裂缝；冰冻以后气温进一步降低时，会因冻胀而产生裂缝；气温升高融冰时，因熔化的土体不能够恢复原有的密度而产生裂缝；冬季气温变化时，黏性土表面反复冻融而形成冻融裂缝和松土层。因此，在寒冷地区，应在坝坡和坝顶用块石、碎石、砂性土作保护层，保护层的厚度应大于冻层深度。③变形裂缝。这类裂缝是由于坝体不均匀变形（大多是不均匀沉降）引起的。这种裂缝一般规模较大，深入坝体内，是破坏坝体完整性的主要裂缝。引起坝体不均匀沉降的因素有多种，主要有坝址地质地形、筑坝材料的性质、坝基不均匀沉降、坝体内有无建筑物及施工质量等。④滑坡裂缝。它是因滑移土体开始发生位移而出现的裂缝。这种裂缝多发生在滑坡顶部，在平面上呈弧形，方向大致与坝轴向平行。上游滑坡裂缝，多出现在水库水位降落时；下游滑坡裂缝，常因下游坝体浸润线太高，渗水压力太大而发生，滑坡裂缝的危害性比其他裂缝更大。它预示着坝坡即将失稳，可能造成失事，需要特别重视，迅速采取有效加固措施。⑤水力劈裂缝。它是指由水压力所引起的水平或垂直裂缝。如土石坝坝体内裂缝，当库水进入裂缝后会使其进一步张开，并可能发展成较大的渗流通道，甚至造成土石坝失事。⑥塑流裂缝。如果土石坝的坝基存在大面积淤泥、淤泥质黏土、含水量大的粉质黏土和砂质黏土，当坝基剪应力超过这些土层的屈服强度时，土层就会发生塑流变形，向坝脚挤出隆起，并在坝基的中部发生裂缝。这种裂缝，常常由坝基贯穿到坝体。⑦振动裂缝。地震或其他强烈震动会使土石坝产生裂缝。例如，在地震过程中，坝体受到很大的地震惯性力和动水压力，使坝体和坝基原有的应力状态发生变化，若坝体内部由原来的受压状态转变为受拉状态时，则可能产生裂缝。

2）按其方向可分为：①纵向裂缝。它是走向与坝轴线平行的裂缝。多数出现在坝顶，有时也会出现在坝坡和坝身内部。其长度在平面上可延伸数十米甚至几百米，深度一般为数米，也有数十米。这种裂缝一般为坝体或坝基不均匀沉降的结果。纵向裂缝如未与贯穿性的横向裂缝连通，一般不会直接危及坝体安全，但需要及时处理，以免库水或雨水渗入裂缝内引起滑坡。斜墙上的纵缝由于容易发展成渗流通道而危及坝体安全，应特别重视。②横向裂缝。它是走向与坝轴线垂直的裂缝。多出现在坝体与岸坡接头处，或坝体与其他建筑物连接处，缝深十米甚至几十米，上宽下窄，缝口宽几毫米到十几厘米。这种裂缝一般为纵向不均匀沉降的结果。横向裂缝往往上下游贯通，其深度又通常延伸到正常蓄水位以下，因而危害极大，可以造成集中渗漏甚至导致坝体溃坝。③水平裂缝。裂缝平行或接近水平面的缝称为水平裂缝。多发生在坝体内部且主要发生在较薄的黏土心墙坝。产生的原因主要是土心墙的压缩性远大于坝壳，心墙下部沉陷较大，而上部则因挤在坝壳中间由于拱的作用沉陷不大，使心墙上下部脱开而造成水平裂缝。这种裂缝事先很难发现，有时它可能贯通上下游，形成渗流的集中通道，修补也比较困难，因此应特别重视。

（2）土坝裂缝的处理。各种裂缝对土石坝都有不利影响，都应该及时处理。发现裂缝后，一方面要注意了解裂缝的特征，观察裂缝的发展和变化，分析裂缝产生的原因，判断裂缝的性质；另一方面要采取防止裂缝进一步发展的措施，同时制定处理方案。常用的处理方法一般有以下几种：

1）缝口封闭法。对于表面干缩、冻融裂缝以及深度小于1m的裂缝，可只进行缝口封闭处理。处理方法是用干而细的沙壤土从缝口灌入，用竹片或板条等填塞捣实，然后在处用黏性土封堵压实。

2）开挖回填法。开挖回填是将裂缝部位的涂料全部挖出，重新回填，它是处理裂缝比较彻底的方法。不论纵向或横向裂缝都可以使用。

深度小于5m的裂缝，一般可用人力挖出回填；深度大于5m的裂缝，可用简单的机械开挖回填。开挖时，一般采用梯形断面。开挖深度应比裂缝深大0.3~0.5m，长度应超过缝端2~3m，宽度以能够作业并能保持边坡稳定为准。回填宜采用原坝体土料，压实含水量宜高于最优含水量，严格分层夯实，并采取洒水刨毛等措施，以保证新老土体良好结合。

3）灌浆处理。当开挖工程量大或开挖会危及坝坡的稳定时可采用灌浆处理；对于坝体内的裂缝只能采用灌浆处理。灌浆的材料和灌浆浓度应满足可灌性、填满缝隙、固结后收缩小或不收缩，以及能和坝体协调变形等要求。一般常用纯黏土浆或黏土、水泥混合浆两种。在黏土中掺入10%～30%的水泥，可以加快浆液的凝固和减少浆液的体积收缩，适用于黏土心墙或浸润线以下的坝体裂缝的处理。浆液的稠度应在保证良好灌入的条件下，尽量采用稠浆，以减少体积干缩，常用的水与干料之比为1：1～1：2.5。灌浆有重力灌浆和压力灌浆。重力灌浆是利用浆液自重自流压浆；压力灌浆则是利用灌浆泵加压灌注。灌浆压力对灌浆质量的好坏和施工安全关系极大，若压力不足则灌不密实，若压力过高则会使坝体发生过大变形，产生裂缝过大，串浆、冒浆等。

2. 土石坝滑坡及处理

土石坝在施工或竣工后的运行中，由于各种内外因素的综合影响，坝体的一部分（有时也包括部分地基）失去平衡，脱离原来位置向下滑动移，这种现象称为滑坡。滑坡是一种常见病害，如不及时采取适当的处理措施，将造成垮坝事故。

（1）滑坡的成因。造成土坝滑坡的原因很多，如筑坝土料颗粒组成细而均匀、坝体断面坡度太陡、施工填筑质量较差或因地震、水库水位骤降等都会造成土坝滑坡。对滑坡土坝的加固应查明原因对症下药。

（2）土坝滑坡处理。防止滑坡最根本的措施是设计合理的坝坡和保证施工质量。管理应用中应注意做好经常性的养护工作；当发现在高水位或其他不利情况下有可能发生滑坡时，应尽早采取措施。一般采取的措施归纳为"上部减载"与"下部压重"。"上部减载"是在滑坡体上部与裂缝上侧陡坝部分进行消坡，或者适当降低坝高，增加防浪墙等；"下部压重"是放缓坝坡，在坝脚出修建镇压台及滑坡段下部做压坡体等。具体处理时应根据滑坡的原因和具体情况，采用开挖回填、加倍缓坡、压重固脚、导渗排水等多种方法综合处理。

3. 土石坝渗透及处理

土石坝坝体、坝基或岸坡在一定程度上都是透水的，水流在水位差作用下从上游向下游渗透是一种正常现象。但大量的渗透不但影响水库的蓄水和经济效益，而且渗透坡降和超过一定限度时将会引起坝身、坝基或岸坡的渗透变形，对于这种渗漏称异常渗漏。出现异常渗漏时，必须根据具体情况采取措施进行处理。处理原则是"上堵下排"。"上堵"就是在坝身或坝基的上游堵截渗漏途径，防止渗流或延长渗径，降低渗透坡降和减少渗流量；"下排"就是在下游做好反滤导渗设施，使渗入坝身或地基的渗水安全通畅的排走，以增强坝坡稳定。

"上堵"的工程措施有垂直防渗和水平防渗两种。垂直防渗常用的方法有抽槽回填、铺设土工膜、冲抓套井回填、坝体劈裂灌浆、高压定向喷射灌浆、灌浆帷幕、混凝土防渗墙等方法；水平防渗有黏土水平铺盖和水下抛土等方法。"下排"的工程措施有导渗沟、反滤层导渗等。一般来说，"上堵"为上策，而在"上堵"措施中垂直防渗可以比较彻底地解决坝基渗漏问题，"下排"的工程措施往往结合"上堵"同时采用。

（二）混凝土和浆砌石坝的养护修理

混凝土坝和浆砌石坝在其运行过程中，往往也会出现混凝土的风化、磨损、剥蚀、裂缝、渗漏等现象，甚至出现大坝破坏，特别浆砌石建筑物更宜产生裂缝和渗漏。因此，必须加强混凝土坝和浆砌石坝的运用管理，做好大坝的养护修理。

1. 混凝土和浆砌石坝的日常养护

混凝土和浆砌石坝的日常养护工作，主要包括建筑物表面、伸缩缝、止水设施、排水设施、监测设施的养护，以及冻害、碳化与氯离子侵蚀、化学侵蚀等的防护。

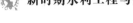

2. 混凝土表面损坏的修补

混凝土坝和其他混凝土建筑物，由于设计、施工、管理等方面的原因，常会产生不同程度生的表面损坏，主要原因有：施工质量差，冲刷、空蚀和撞击，冰冻、侵蚀，机械撞击等。混凝土表层损坏后，应先凿除已经损坏的混凝土，并对修补面凿毛和冲洗，然后再根据损坏的部位和程度选用填混凝土、喷水泥砂浆、喷混凝土修补，也可用环氧砂浆、环氧混凝土等方法进行修补。

3. 混凝土坝裂缝的处理

当混凝土坝由于温度变化、地基不均匀沉降及其他原因，引起的应力和变形超过了混凝土强度和抵抗变形的能力时，将产生裂缝。按其产生的原因不同，通常分为沉陷缝、干缩缝、温度缝、应力缝和施工缝。这些裂缝，有的是表面裂缝，对结构强度影响较小，有的是深层或贯穿性的裂缝，将破坏建筑物的整体性，引起漏水、溶蚀，对建筑物十分有害。根据裂缝的性质，应采用不同的方法进行处理。

对于表面的，对结构强度影响较小的裂缝，可以采用水泥浆、水泥砂浆、防水快凝砂浆、环氧基液及环氧砂浆等涂抹在混凝土表面，或进行表面贴补、凿槽嵌补等。

对于贯穿裂缝或水下裂缝的处理，宜采用钻孔灌浆的方法。常用灌浆材料有水泥和化学材料，可按裂缝的性质、开度以及施工条件等情况选用。开度大于 0.3mm 的裂缝，一般采用水泥灌浆；开度小于 0.3mm 的裂缝，宜采用化学灌浆；渗透流速较大或受气温变化影响（如伸缩缝）的裂缝，则不论其开度如何，均宜采用化学灌浆。

4. 混凝土坝渗漏的处理

引起混凝土坝渗漏的原因很多，一般由于设计和施工缺陷，或运用过程中遭受意外破坏。按其发生的部位分为：建筑物本身渗漏，如裂缝、结构缝、伸缩缝等引起的渗漏；基础渗漏；建筑物与基础岩石接触面渗漏；绕坝渗漏。

混凝土坝渗漏处理因遵循"上堵下排"的原则，采用以堵为主的方法进行处理。不能降低上游水位时，宜采用水下修补，不影响结构安全时也可在背水面封堵。处理方案要根据渗漏产生的部位、原因、危害程度及处理条件等因素，经技术经济比较后确定。

（三）水工建筑物的改建

1. 改建的原因和类型

水工建筑物由于下列等原因，有时需进行加固和改建：

（1）由于水利工程的任务有了改变或发展，原有的水工建筑物不能满足发展的需要，必须对原有的建筑物进行改建或扩建。

（2）由于科学技术的发展，需要改善原建筑物或水利枢纽的工作状况。

（3）根据运用的经验，发现建筑物的构造有重大缺陷而需要改善等。

水工建筑物的改建工作是很复杂的，不同的建筑物有不同的要求，进行改建工作的方法也有所不同。改建工作一般有以下几种类型：

（1）抬高水位增加坝高，扩大兴利或防洪库容，提高工程效益。

（2）增大排洪能力。一般是由于实际洪水较设计洪水位大或因综合利用目标有所改变，为满足实际需要，增加排洪能力。

（3）建筑物分期施工。工程在兴建时期由于技术经济条件的限制不宜一次完成，而采取分期施工较为合理，以后根据原规划设计，为建筑物续建。

一般地说，为工程进行加固改建应事先进行专门的技术经济研究和设计，经批准后方可进行施工。

2. 土坝的改建

土坝的改建比较容易，有时可不要求将水库放空，而在坝的下游面利用碾压的方法进行。

（1）均质坝的改建加高。一般采用填筑上游边坡的方法；或者在下游坝坡填土碾压。若在下游坝坡填筑，坝身排水体需要重新改建，要求新坝体土料的渗透系数不小于老土体的渗透系数。

（2）斜墙坝的改建加高。这种坝型的改建加高是将斜墙延伸并加大下游坝体。

（3）心墙坝的改建加高。这种坝型的改建加高应由心墙情况而定。如果心墙是用黏性土作防渗体时，则可增大下游坝体，并在上游坡加设斜墙，两者连接处做好止水。如果心墙是刚性心墙时，则可延长心墙，并将老新心墙用铰链连接，而在坝壳的上下游培土已加大坝体。

3. 混凝土重力坝的改建

重力坝的改建比土石坝的改建复杂，因为必须保证新老混凝土结合缝之间的强度、整体性，并有可靠的防渗性等要求。重力坝的改建工作，通常在不放空水库的情况下进行。浇注混凝土是沿着坝顶及坝的下游面进行。在新老混凝土结合的地方应首先将老混凝土加以凿毛，去掉不坚固的混凝土，垂直于缝设螺栓且很可靠地筑于老混凝土，并插入新混凝土中。在挡水处，缝用防渗榫槽遮住，而在下游处设排水。为了防止缝被拉开及增加可靠程度，可设置锚筋并用压力灌浆使之牢固结合为一体。

第三节　生态和谐理念下水利工程建设与运行管理

一、管理原则

（一）尊重生态环境的原则

水利工程建设规划时，应对地域的自然环境给予高度重视和最起码的尊重。一个区域的自然环境是本地特色的最基本的体现。一个地域本身就是一个巨大的生命活体，自然生态成为维系地域生命功能的最基本和最有力的保障。水利工程建设目标要在不超过生态系统自我调节和自我修复能力的基础上确定。

（二）兼顾生态设计原则

自然景观生态设计是对整体人类生态系统进行全面的设计，设计目标是整体优化和可持续发展。景观元素的复杂性和多样性决定了实现理想景观生态设计的多学科性，水利工程建设过程中要综合考虑整体设计，确保整体生态系统的和谐与稳定。

（三）保护优先、防治结合原则

水利工程项目规划要在保护生态环境的条件下进行，以预防生态破坏为主。项目的建设和运行管理，要与生态保护共同进行。建设项目需要配套建设的环境保护设施，必须与主体工程同时设计、同时施工、同时投产使用。水资源开发利用与生态治理也要同步进行。

（四）项目全寿命周期管理原则

在水利工程建设管理中，不能只考虑项目运行过程对生态环境的影响，还要考虑项目建设过程对周围环境的影响，如原料的生产和运输、工程具体建设实施的污染和噪声等。还要考虑工程报废过程对生态环境的影响。对生态环境保护研究不只着眼于水利工程项目结果，而是要对其原料、生产（建设）、产品、服务、废弃整个生命周期的影响进行研究。

二、管理措施

在"生态和谐"的水利工程建设管理模式中，强调工程与自然的亲和性、融洽性、创造性、自主性，使生态有机性受到最大限度的重视和最大限度的强化。

（一）技术措施

1. 项目规划阶段

水利工程建设规划阶段，要按照生态环境保护设计规范的要求，落实防治环境污染和生态破坏的措施。对工程实施前后可能出现的生态环境问题，提出工程措施与管理措施，例如，对被污染的水体阻断其进入南水北调总干渠等，为工程可行性研究报告、环境影响评价及工程设计中的生态环境保护重点与措施奠定基础。要把工程项目对生态的影响控制在可承受的变化范围。

2. 施工准备阶段

水利工程建设实施之前，要把与最初的数量相当的非生命环境的质量损失最小化。如土壤的肥力结构变坏，土壤侵蚀、水文地质情况改变，生态脆弱带的土壤退化等。按工程生态学观点，尽可能使生命的和非生命环境的累积损失最小化。工程总体布局要合理节约用地，根据施工地点的地质状况，尽量利用荒地、滩地、坡地、不占或少占良田，减少对地形地貌、经济园林、森林资源的破坏。尽量减少穿越人口、耕地集中的地区，注意避让地质塌陷区、水源地、古迹等。

3. 项目施工阶段

工程建设期，要做好工程的水土保持方案，在全面采取预防监督措施的同时，对重点或主要水土流失区，采取工程措施与林草措施相结合，实施综合治理。施工弃渣按照批准的弃渣规划堆置于坑洼不平处，少占耕地，多利用山沟、荒地、河滩地；施工道路两侧开挖排水沟，疏导地表径流；泵站区域要结合环境绿化美化；移民安置区建房过程中产生的弃渣选择洼地填埋，区内种植林木，以提高植被覆盖率，美化环境。施工中产生的各类废水，应根据水资源保护有关标准，经过处理对环境无危害后再进行排放，生活污水经粪池初级处理后排放。

此外，要保护工程沿线植被生态及动物种群生活，防止移民搬迁以及施工过程中对植物的破坏，对工程建成后动植物种群变化可能引起的危害采取有效生态措施进行控制。

4. 项目运行阶段

在工程运行期间，要保证生态水的需求及必要的生态水流量。为水生生物提供种群重建或保护基地。合理利用水库消落带的土地，减轻水污染的风险，避免导致景观生态破坏和地质灾害的诱发等。注意环境污染源治理，避免大型水库在重点城市河段形成岸边污染带，避免库区支流和库湾形成水质污染及不科学的水库渔业养殖造成的环境污染等。

（二）经济措施

1. 生态保证金措施

目前，多个省市建立了矿山生态保证金机制并产生积极的作用，水利工程完全可以借鉴该模式。水利工程项目实施前，要向主管部门上缴生态保证金，以确保在项目整个实施过程中的生态和谐。经过一定运行阶段之后，接受生态环境评估，如果对生态环境的影响在可控范围内，则退还保证金；如未能通过验收，限期治理，治理费用不足，应向工程业主收取。

2. 生态补偿措施

"谁受益，谁补偿"，生态补偿是对提供生态系统服务价值的付费，是鼓励生态保护和建设者的手段。补偿方式可以采用直接经济补偿；实物补偿；政策补偿；项目补偿；智力技术补偿。其中政策补偿、项目补偿和智力技术补偿是造血型生态补偿机制，是鼓励当地居民承担生态保护的措施。

此外，还可改变生态行政管理岗位缺失的现状，设立生态资源管理体系，通过规范生态资源产权化管理，界定生态资源产权关系，改变补偿主体难以确定，生态补偿主观性和随意化的局面。

参考文献

［1］宋东辉．生态环境水利工程应用技术［M］．北京：中国水利水电出版社，2017．

［2］孙开畅．流域综合治理工程概论［M］．北京：中国水利水电出版社，2015．

［3］陈求稳，吴世勇．水利水电工程生态环境效应模拟与调控［M］．北京：科学出版社，2012．

［4］何晓科，殷国仕．水利工程概论［M］．北京：中国水利水电出版社，2007．

［5］李英．基于水利工程项目施工质量控制措施的探究［J］．绿色环保建材，2018（3）．

［6］王昊，张鲁吉．生态水利在现代河道治理中的应用［J］．吉林农业，2018（6）．

［7］张嘉迪．水利工程生态环境影响评价分析［J］．资源节约与环保，2016（12）．

［8］朱卫华．水利工程建设对保护生态环境可持续发展的影响［J］．现代园艺，2017（20）．

［9］李志远，马海红．水利工程生态环境效应研究［J］．吉林农业，2017（11）．

［10］段家贵．水利工程生态环境影响评价的指标体系研究［J］．水利规划与设计，2014（5）．

［11］许嫔．谈水利工程的规划建设与保护生态环境［J］．资源节约与环保，2016（12）．

［12］尚淑丽，顾正华，曹晓萌．水利工程生态环境效应研究综述［J］．水利水电科技进展，2014（1）．

［13］万建平．水利工程生态环境效应研究［J］．工程技术研究，2016（5）．

［14］杨玉霞．宁夏固原地区城乡饮水安全水源工程生态环境影响研究［M］．郑州：黄河水利出版社，2012.

［15］郭亚梅，杨玉春，范永平．海河流域生态修复探索与研究［M］．郑州：黄河水利出版社，2012.

［16］贾金生，张林．高坝工程技术进展［M］．成都：四川大学出版社，2012.

［17］谢鉴衡．河床演变及整治［M］．武汉：武汉大学出版社，2013.

［18］熊文，黄思平，杨轩．河流生态系统健康评价关键指标研究［J］．人民长江，2010（12）．

［19］赵永华，贾夏，王晓峰．泾河流域土地利用及其生态系统服务变化［J］．陕西师范大学学报，2011（7）．

［20］杨文利．水利概论［M］．郑州：黄河水利出版社，2012.

［21］文俊．水土保持学［M］．北京：中国水利水电出版社，2010.

［22］张胜利，吴祥云．水土保持工程学［M］．北京：科学出版社，2012.

［23］马秉春．宁夏固原市水资源开发利用现状分析研究［J］．水利技术监督，2011（6）．

［24］张军燕，张建军，沈红保．泾河宁夏段夏季浮游生物群落结构特征［J］．水生态学杂志，2011（11）．

［25］王浩，唐克旺，杨爱民，等．水生态系统保护修复理论与实践［M］．北京：化学工业出版社，2010.

［26］秦向东，闵庆文，李文华，等．六盘山南麓具有三个冲突效益的 Pareto 最优土地利用格局［J］．资源科学，2010（1）．

［27］董哲仁，孙东亚．生态水利工程原理与技术［M］．北京：中国水利水电出版社，2007.

［28］国家环境保护总局环境影响评价管理司．水利水电开发项目生态环境保护研究与实践［M］．北京：中国环境科学出版社，2006.

［29］朱党生，周奕梅，邹家祥．水利水电工程环境影响评价［M］．北京：中国环境科学出版社，2006.

［30］王兆印，田世民，易雨君．论河流治理的方向［J］．中国水利，2008（13）．

［31］刘德富，黄钰玲，王从锋．水工学的发展趋势——从传统水工学到生态水工学［J］．长江流域资源与环境，2007（1）．

［32］熊文，黄思平，杨轩．河流生态系统健康评价关键指标研究［J］．人民长江，2010（12）．

［33］薛惠锋，程晓冰，乔长录，等．水资源与水环境系统工程［M］．北京：国防工业出版社，2008.

［34］董哲仁，孙东亚，彭静．河流生态修复理论技术及其应用［J］．水利水电技术，2009（1）．

［35］杨立信．水利工程与生态环境（1）——咸海流域实例分析［M］．郑州：黄河水利出版社，2004.

［36］朱宏，郭守坤．浅谈引水工程对下游水生态环境影响因素［J］．吉林水利，2007（4）．

［37］宁夏固原地区（宁夏中南部）城乡饮水安全水源工程可行性研究报告，2011.

［38］张斌，李学建．对加强水资源管理的几点认识［J］．水利天地，2011（10）．

［39］刘洁，刘莹．水资源的持续高效利用与节水技术［J］．科技致富向导，2012.

［40］李芸．大庆市地下水可开采量评价研究［J］．黑龙江水利，2017（3）．

［41］冯志东，王长余．水循环原理在区域经济发展中的应用［J］．黑龙江水利科技，2011（4）．

［42］王亚华．水资源特性分析及其政策含义［J］．经济研究参考，2002（20）．

［43］杨少杰，普光跃，吴建德，王志平．浅谈利用管道输送技术建设智能水网在云南抗旱工作中的作用［J］．云南科技管理，2012（3）．

［44］孙明权．强化水利在国民经济中的基础地位［J］．河南水利与南水北调，2007（1）．

［45］张联凯，王立清．论河流生态修复［J］．建筑与预算，2012（4）．

［46］董哲仁，孙东亚，彭静．河流生态修复理论技术及其应用［J］．水利水电技术，2009（1）．

［47］董哲仁．河流健康的诠释［J］．水利水电快报，2007（6）．

［48］文伏波，韩其为，许炯心等．河流健康的定义与内涵［J］．水科学进展，2007（1）．

［49］张泽中，徐建新，齐青青，李彦彬．生态灌区与生态灌区健康探讨［J］．现代节水高效农业与生态灌区建设（下），2010（8）．

［50］胡长虹，张含．加快水环境与生态问题的研究 实现沙颍河流域可持续发展［J］．青年治淮论坛论文集，2005（10）．

［51］周怀东，李贵宝．我国水环境与生态保护存在的问题及对策［J］．水利水电技术，2001（1）．

［52］汪恕诚．实现由工程水利到资源水利的转变［J］．地下水，1999（8）．

［53］刘桂文，李甲蒙．水与环境——"资源水利"及"环境水利"提法引起的思考［J］．水利科技与经济，2000（12）．

［54］董哲仁．维护河流健康与流域一体化管理［J］．中国水利，

2006（6）．

[55] 李双艳，王佳．维护漓江河流健康与流域一体化管理［J］．水利发展研究，2013（10）．

[56] 王宏，魏民，李环．河流生态系统健康评价初探［J］．东北水利水电，2006（3）．

[57] 熊文，黄思平，杨轩．河流生态系统健康评价关键指标研究［J］．人民长江，2010（6）．

[58] 董哲仁，孙东亚，彭静．河流生态修复理论技术及其应用［J］．水利水电技术，2009（1）．

[59] 赵楠，张睿，尚磊．河流生态修复的研究内容和理论技术［J］．河南水利与南水北调，2010（5）．

[60] 张联凯，王立清．论河流生态修复［J］．建筑与预算，2012（4）．

[61] 王艳群．城市河岸带开发利用的原则与方法［J］．水利与建筑工程学报，2011（10）．

[62] 何梁，陈艳，陈俊贤．河流健康评价研究现状与展望［J］．人民珠江，2013（12）．

[63] 李嘉薇，陈新美．河流生态健康评价中功能指标分析与计算［J］．南水北调与水利科技，2013（8）．

[64] 蒋卫国，李京，李加洪，谢志仁，王文杰．辽河三角洲湿地生态系统健康评价［J］．生态学报，2005（3）．

[65] 马云慧．空气负离子应用研究新进展［J］．宝鸡文理学院学报（自然科学版），2010（3）．

[66] 杜飞轮．高碳能源如何发展低碳经济［J］．中国财经报，2009（7）．

[67] 范宗理．第五条固碳路径［J］．自然杂志，2008（4）．

[68] 罗乐娟，陈世伟．低碳经济的经济学分析［J］．科技广场，2009（12）．

[69] 杜飞轮．对我国发展低碳经济的思考［J］．中国经贸导刊，

2009（5）.

［70］董浩．浅析低碳经济在中国的发展［J］．中国乡镇企业，2010（2）.

［71］杨秋宇，郑克岭．大庆发展低碳经济的策略研究［J］．大庆社会科学，2010（12）.

［72］李宗才．我国低碳经济研究述评［J］．学术界，2010（6）.

［73］杜飞轮．让经济发展从高碳走向低碳［J］．中国国土资源报，2009（12）.

［74］靳俊喜，雷攀，韩玮，袁桂林．低碳经济理论与实践研究综述［J］．西部论坛，2010（7）.

［75］张平仓，程冬兵．新时期水土保持内涵及与相关科学的关系［J］．长江科学院院报，2014（10）.

［76］姚章民，张建云．水资源评价研究进展［J］．水文，2009（12）.

［77］朱丹．初探我国低碳经济的发展思路［J］．中国集体经济，2010（3）.

［78］赵文龙．浅谈低碳经济理念下的保险业［J］．中国保险，2010（4）.

［79］陈传友．西南地区水资源及其评价［J］．自然资源学报，1992（12）.

［80］徐杨，常福宣，陈进，黄薇．水库生态调度研究综述［J］．长江科学院院报，2008（12）.

［81］陈端，陈求稳，陈进．考虑生态流量的水库优化调度模型研究进展［J］．水力发电学报，2011（10）.

［82］姚维科，崔保山，刘杰，董世魁．大坝的生态效应：概念、研究热点及展望［J］．生态学杂志，2006（4）.

［83］杜强，王东胜．河道的生态功能及水文过程的生态效应［J］．中国水利水电科学研究院学报，2005（12）.

[84] 祁继英，阮晓红．大坝对河流生态系统的环境影响分析 [J]．河海大学学报（自然科学版），2005（2）．

[85] 胡宝柱，高磊磊，王娜．水库建设对生态环境的影响分析 [J]．浙江水利水电专科学校学报，2008（6）．

[86] 牛金洲．水库生态调度模式研究 [J]．农业科技与装备，2013（4）．

[87] 吕新华．大型水利工程的生态调度 [J]．科技进步与对策，2006（7）．

[88] 哈尔比，李伟民．水电站调峰对河流生态的影响 [J]．水利水电快报，2002（1）．

[89] 覃朗．水坝对河流生态系统的影响 [J]．才智，2008（7）．

[90] 范海涛．浅谈东庄水库建设对生态环境的影响 [J]．陕西水利，2011（7）．

[91] 曾黄锦．雷州半岛地下水开发利用对环境影响的分析 [J]．水利水电快报，2006（4）．

[92] 曹建忠．六盘山引水工程中生态基流的研究 [J]．水利规划与设计，2011（9）．

[93] 王成．泾河上游三关口水文站径流量丰枯变化分析 [J]．宁夏农林科技，2012（12）．

[94] 贺克雕．滇池水质状况综合评价及变化趋势分析 [J]．人民长江，2012（6）．

[95] 刘斌．西昌邛海水质富营养化状态评价研究 [J]．四川水利，2011（8）．

[96] 刁仁威，管利群，韩晓明．桃源水库水体营养状态评价 [J]．吉林农业，2011（6）．

[97] 魏成武．大相岭隧道水文地质特征及其涌水量预测 [J]．山西建筑，2011（5）．

[98] 李越越，谭晋．贵阳市喀斯特地区饮用水源保护区划分技

术方法与实例分析 [J] . 中国农村水利水电, 2013 (10) .

[99] 陈春艳, 丛日凤. 宁安市水源地保护区划分可行性分析 [J] . 绿色科技, 2011 (5) .

[100] 何璠. 引渭济黑调水工程水源地保护区的技术划分及保护方案 [J] . 陕西水利, 2014 (11) .

[101] 李文奇, 周怀东. 明天还有干净水吗? [J] . 百科知识, 2005 (6) .

[102] 朱正宪. 浅析图们江流域水生态文明建设的必要性 [J] . 黑龙江科技信息, 2013 (9) .

[103] 江小林, 朱磊. 人工湿地在水污染处理中的应用 [J] . 科技信息, 2009 (10) .

[104] 张成国. 宁夏海原县城新区供水工程管理 [J] . 北京农业, 2012 (8) .

[105] 谢毅文, 钟远良, 张强, 高卫平, 蒋任飞. 饮用水水源地环境调查中的 GIS 应用 [J] . 东莞理工学院学报, 2011 (10) .

[106] 武勇, 郭宏, 任玉房. 浅谈中牟县农村饮水安全 [J] . 河南水利与南水北调, 2012 (6) .

[107] 郭世娟, 周吉顺. 实行地下水限采·确保水资源的永续利用 [J] . 河北水利水电技术, 2004 (4) .

[108] 张兴平, 朱建强. 水生态、水环境问题及其对策 [J] . 环境科学与管理, 2012 (12) .

[109] 刘洁, 宋晓强, 张行勇. 对进一步加强陕西水土保持监督执法工作的认识 [J] . 陕西水利, 2011 (1) .

[110] 黄凌, 刘家珩, 张锡辉等. 长距离引水工程水质迁移转化规律研究 [J] . 水利规划与设计, 2003 (03) .

[111] 张兴平, 朱建强. 水生态、水环境问题及其对策 [J] . 环境科学与管理, 2012 (S1) .

[112] 高永胜. 关注河流健康 [J] . 中国三峡, 2012 (03) .

[113] 沈承红, 殷永桥, 王杰等. 现代商贸工业 [J] , 2015

（21）．

[114] 黄凌，刘家珩，张锡辉等．长距离引水工程水质迁移转化规律研究 [J]．水利规划与设计，2003（03）．

[115] 张锡辉．铁在饮用水水源中的循环转化 [J]．给水排水，1999（11）．

[116] 彭昌冰．水电施工对环境的影响分析 [J]．企业导报，2011（06）

[117] 袁志国．浅析河道治理的方法和方向 [J]．山东工业技术，2013（15）．

[118] 张淑华，李宇，创建生态水利实现人水和谐 [J]．河南科技，2010（24）．

[119] 杨万志，刘玉珍．拦河坝改建中的河流生态修复途径 [J]．中国水利，2006（16）．

[120] 廖文根，石秋池，彭静．水生态与水环境学科的主要前沿研究及发展趋势 [J]．中国水利，2004（22）．

[121] 李海涛，黄渝．浅析生物多样性的理论与实践 [J]．安徽农业科学，2007（32）．

[122] 高东，何霞红．生物多样性与生态系统稳定性研究进展 [J]．生态学杂志，2010（12）．

[123] 方海东，段昌群，何璐等．环境污染对生态系统多样性和复杂性的影响 [J]．三峡环境与生态，2009（03）．

[124] 冯艳军．试论柳林县水利工程与河流生态系统的和谐协调发展 [J]．农业技术与装备，2010（24）．

[125] 朱兴杰，邹春．大凌河朝阳城区段河道生态护岸设计 [J]．中国水土保持，2013（04）．

[126] 王文浩，穆建新．高标准农田水利工程环境影响后评价指标体系研究 [J]．节水灌溉，2012（09）．

[127] 李轶群，田英．三峡库区行记 [J]．工商行政管理，2008（01）．

［128］褚益清．子牙河流域平原河流生态现状及治理方法［J］，河北水利，2014（04）．

［129］翟斌．环境矿物材料在污染治理中的应用［J］．北方环境，2005（02）．

［130］张全国，张大勇．生物多样性与生态系统功能：最新的进展与动向［J］．生物多样性，2003（05）．

［131］陈弦，黄川友，殷彤．水电工程生态环境影响预测指标体系及其运用［J］．水利科技与经济，2010（05）．

［132］熊定鹏，赵广帅，武建双等．［J］羌塘高寒草地物种多样性与生态系统多功能关系格局．生态学报，2016（11）．

［133］李青云，黄茁，黄薇等．长江科学院流域水环境和水生态研究回顾与展望［J］．长江科学院院报，2011（10）．

［134］张联凯，王立清．论河流生态修复［J］．建筑与预算，2012（02）．

［135］董哲仁，孙东亚，彭静．河流生态修复理论技术及其应用［J］．水利水电技术，2009（01）．

［136］文伏波，韩其为，许炯心等．河流健康的定义与内涵［J］．水科学进展，2007（01）．

［137］董哲仁．河流健康的诠释［J］．水利水电快报，2007（11）．

［138］董哲仁，孙东亚，赵进勇．水库多目标生态调度［J］．水利水电技术，2007（01）．

［139］赵永军．生产建设项目水土流失防治技术综述［J］．中国水土保持，2007（04）．

［140］陈凯麒，王东胜，刘兰芬，李振海．流域梯级规划环境影响评价的特征及研究方向［J］．中国水利水电科学研究院学报，2005（02）．

［141］闫德千，刘国经，杨海军等．亚热带城市水源地受损河岸植物群落修复方法研究［J］．北京林业大学学报，2007（03）．

［142］王治国．关于生态修复若干概念与问题的讨论（续）［J］．中国水土保持，2003（11）．

［143］李小平，张利权．土壤生物工程在河道坡岸生态修复中应用与效果［J］．应用生态学报，2006（09）．

［144］陈越，陈领，杜生明．NSFC重大项目"大型水利工程对重要生物资源长）生态学效应"的立项思考［J］．中国基础科学，2004（03）．

［145］陈吉斌，刘胜祥，黄家文等．金沙江攀枝花河段生态系统服务功能价值计算［J］．亚热带水土保持，2008（02）．

［146］董哲仁．维护河流健康与流域一体化管理［J］．中国水利，2006（11）．

［147］黄德林，黄道明．长江流域水资源开发的生态效应及对策［J］．水利水电快报，2005（18）．

［148］钟春欣，张玮．基于河道治理的河流生态修复［J］．水利水电科技进展，2004（03）．

［149］周蒙蒙．从冲突到和谐：巨型水坝带给三峡的生态之变［J］．中国三峡，2008（12）．

［150］陶江平，乔晔，杨志等．葛洲坝产卵场中华鲟繁殖群体数量与繁殖规模估算及其变动趋势分析［J］．水生态学杂志，2009（02）．

［151］张丹丹，史常青，王冬梅．河岸带生态护坡技术研究与应用［J］．湖南农业科学，2013（22）．

［152］王宏，魏民，李环．河流生态系统健康评价初探［J］．东北水利水电，2006（03）

［153］熊文，黄思平，杨轩．河流生态系统健康评价关键指标研究［J］．人民长江，2010（12）．

［154］王艳群．城市河岸带开发利用的原则与方法［J］．水利与建筑工程学报，2011（05）．

［155］赵楠，张睿，尚磊．河流生态修复的研究内容和理论技术

［J］．河南水利与南水北调，2010（05）．

［156］何梁，陈艳，陈俊贤．河流健康评价研究现状与展望［J］．人民珠江，2013（06）．

［157］傅伯杰，刘世梁，马克明生态系统综合评价的内容与方法［J］．生态学报，2001（11）．

［158］李嘉薇，陈新美．河流生态健康评价中功能指标分析与计算［J］．南水北调与水利科技，2013（05）．

［159］蒋卫国，李京，李加洪．辽河三角洲湿地生态系统健康评价［J］．生态学报，2005（03）．

［160］康博文，刘建军，侯琳等．延安市城市森林健康评价［J］．西北农林科技大学学报（自然科学版），2006（10）．

［161］杨子，张思萌．"引嫩入肇"工程对肇源沿江自然保护区影响分析［J］．黑龙江水利科技，2016（07）．

［162］石瑾斌，刘艳艳．挠力河治理工程对湿地自然保护区的影响及措施［J］．黑龙江水利科技，2014（05）．

［163］卢金婷．影视剧拟态环境生态系统的寄生物研究［J］．东南传播，2012（09）．

［164］刘铁军．煤矿区生态环境变异规律研究［J］．现代商贸工业，2012（19）．

［165］毕晓霞．对铁岭调兵山泉眼沟风电场新建工程造成水土流失的有效防治措施的研究［J］．安徽农业科学，2013（10）．

［166］栾丽，谭平，何涛，张玉杉．梯级电站开发对生态环境的影响及保护措施——以瓦岗河水电规划为例［J］．四川环境，2010（05）．

［167］尹华金，许君，李友鹏，秦永亮．小水电环评中最小生态流量的确定——以某二级水电站项目为例［J］．环境影响评价，2014（01）．

［168］袁友和．海原县西河灌区节水改造项目区水土流失及防治措施设计［J］．农业科技与信息，2011（22）．

［169］李君．浅议彭阳县刘塬高效节水补灌工程［J］．农业科技与信息，2011（22）．

［170］谭婕．横江水电开发对水生生态环境影响分析［D］．西南交通大学，2012．

［171］张润润，刘恒．关于保障农村水电站坝下最小流量的思考［J］．中国水能及电气化，2012（11）．

［172］詹传洪．福建水电站最小下泄流量实施方案探讨［J］．水利科技，2011（06）．

［173］冯国辉．谈彭阳县设施农业工程建设的水土流失防治［J］．农业科技与信息，2011（05）．

［174］贾洪纪，任革，马峰．鸟山煤矿水土保持方案的编制［J］．黑龙江水专学报，2006（03）．

［175］宋宪宗．叶尔羌河流域开发中有关环境问题的探讨［J］．新疆环境保护，2008（03）．

［176］剡长世．隆德县穆沟骨干坝水资源综合利用工程施工工艺［J］．北京农业，2014（11）．

［177］鞠菲．锦凌水库施工建设过程中的生态环境保护措施［J］．环境保护与循环经济，2013（07）．

［178］王湘伊．北疆水库工程施工环境保护措施分析［J］．水利建设与管理，2014（08）．

［179］周桂龙．水利工程管理的要求［J］．大众科技，2011（10）．

［180］徐荣郅，张晓利．兴隆县柳河底栖生物资源现状调查与保护措施研究［J］．当代畜牧，2017（02）．

［181］苏莹莹．呼玛县鑫宏水电站可研阶段鱼道设计［J］．黑龙江水利科技，2013（11）．

［182］张波．阳江核电水库大坝原型观测设计［J］．中国农村水利水电，2006（08）．

［183］卢玉海，孙士国，于宁．北引渠首工程鱼道方案设计

［J］．黑龙江水利科技，2013（08）．

［184］周书敏．关于南方燃煤电厂干贮灰场运行管理的探讨
［J］．红水河，2012（08）：2．

［185］李洪珍，刘春明．五常水利工程管理浅析［J］．黑龙江科
技信，2011（03）．

［186］张友德，蔡丽华，李吉林．浅议灌区建筑物的管理［J］．
黑龙江水利科技，1998（02）．

［187］赵丽萍，耿庆珍，张宏．浅谈土石坝裂缝的成因及常用处
理措施［J］．水利科技与经济，2005（11）．

［188］闫宝宏．土石坝裂缝的成因分析及处理措施［J］．今日科
苑，2008（04）．

［189］王耀伟，朱昌明，毕翠清．针对土石坝裂缝的原因分析及
解决方法［J］．农村实用科技信息，2008（11）．

［190］陈义旭，苏俊猛．水库坝体渗流压力观测技术探析［J］．
沿海企业与科技，2011（07）．

［191］张艳辉．针对土石坝裂缝的原因分析及解决方法［J］．科
技创业家，2012（23）．

［192］陈鹏．监测工程的质量控制［J］．河南水利与南水北调，
2011（08）．

［193］冯旭，宋佳林，鲁有柱．土坝裂缝成因浅析［J］．杨凌职
业技术学院学报，2004（02）．

［194］庆江，李锦光，何利伟．土坝运行中常见质量问题及处理
方法［J］．黑龙江水利科技，2001（03）．

［195］彭峰，陈黎，肖国贤．遵义市病险水库中土坝存在的通病
及其治理对策［J］．科技创新导报，2007（33）．

［196］见立红．陡河水库土坝渗流自动监测设计及施工［J］．水
科学与工程技术，2006（S2）．

［197］刘苏忠，赵广超．大坝安全监控研究综述［J］．中国水运
（下半月），2009（11）．

［198］潘锦江．浅谈水利工程管理单位的观测资料整编［J］．水利建设与管理，2001（03）．

［199］陈涛．浅述大坝监测资料整编工作［J］．兰台世界，2007（07）．

［200］陈义旭，苏俊猛，岑兆伍．浅析水库坝体的安全监测及防渗处理［J］．沿海企业与科技，2011（07）．

［201］黄靖．土石坝及堤防的滑坡及处理［J］．沿海企业与科技，2011（08）．

［202］童伟，杨德超，袁琼等．某水闸水工混凝土建筑物裂缝处理技术浅析［J］．水电站设计，2011（06）．

［203］李兰，陈红妹．钢筋混凝土常见裂缝防治［J］．中国新技术新产品，2012（07）．

［204］聂秉宁．混凝土楼板施工裂缝的成因及防治措施［J］．科技信息，2011（06）．

［205］张研．混凝土坝和浆砌石坝的渗漏处理［J］．科技创业家，2014（02）．